Sewing Pattern Book

Shirt & Blouse
最详尽的服装版型教科书
上衣篇

〔日〕野木阳子　著

边冬梅　译

河南科学技术出版社

· 郑州 ·

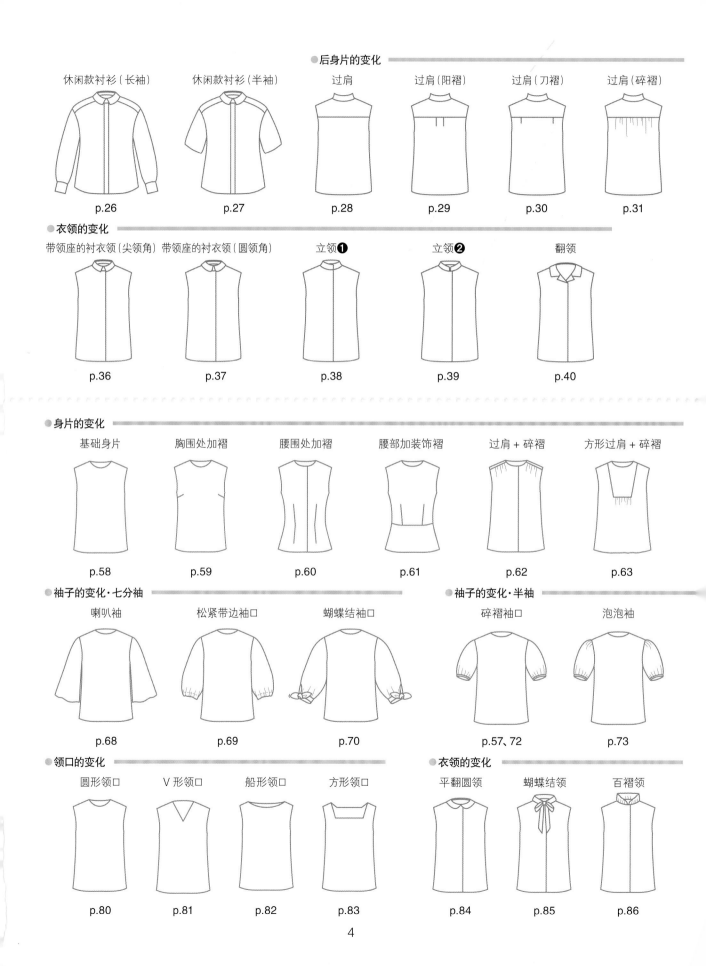

● 后身片的变化

休闲款衬衫（长袖）　　休闲款衬衫（半袖）　　过肩　　过肩（阳褶）　　过肩（刀褶）　　过肩（碎褶）

p.26　　　　p.27　　　　p.28　　　　p.29　　　　p.30　　　　p.31

● 衣领的变化

带领座的衬衣领（尖领角）　带领座的衬衣领（圆领角）　立领❶　　立领❷　　翻领

p.36　　　　p.37　　　　p.38　　　　p.39　　　　p.40

● 身片的变化

基础身片　　胸围处加褶　　腰围处加褶　　腰部加装饰褶　　过肩＋碎褶　　方形过肩＋碎褶

p.58　　　　p.59　　　　p.60　　　　p.61　　　　p.62　　　　p.63

● 袖子的变化·七分袖

喇叭袖　　松紧带边袖口　　蝴蝶结袖口

p.68　　　　p.69　　　　p.70

● 袖子的变化·半袖

碎褶袖口　　泡泡袖

p.57、72　　　　p.73

● 领口的变化

圆形领口　　V形领口　　船形领口　　方形领口

p.80　　　　p.81　　　　p.82　　　　p.83

● 衣领的变化

平翻圆领　　蝴蝶结领　　百褶领

p.84　　　　p.85　　　　p.86

4

目　录

▌Shirt　男士衬衫 / 组合表 p.22

基础款（长袖）　　　　基础款（半袖）

▌Blouse　女士衬衫 / 组合表 p.54

基础款（长袖）　　　　基础款（半袖）

测量身体尺寸

本书以下表尺寸为标准,从7码到15码依次列出相关数据。
请测量个人身体尺寸,确认哪个尺码适合自己。

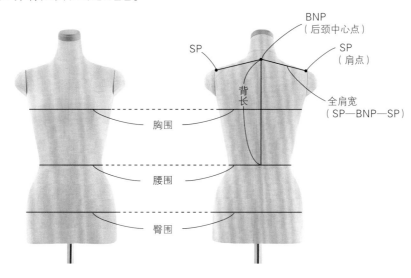

尺寸表

穿着内衣的状态下测量的尺寸(裸尺寸)

单位(cm)

尺码(码)	胸围	腰围	臀围	全肩宽	身高	背长
7	80	60	86	38	150～156	38
9	84	64	90	39	156～162	39
11	88	68	94	40	162～168	40
13	93	73	99	41	162～168	40
15	98	78	104	42	162～168	40

成品尺寸

● 前门襟的变化

折一折　　折两折　　暗门襟　　　　　　　　　　　3种类型
p.32　　　p.33　　　p.35　　　　　　　　　　　　　p.34

● 袖口的变化

直角袖口　　圆角袖口　　双层绅士截角袖口　　袖衩条的缝制与安装方法
　　　　　　　　　　　　　　　　　　　　　　　滚边式袖衩条的制作方法
p.42　　　　p.43　　　　p.44　　　　　　　　　p.45

● 口袋

四边形　　五边形

p.46

● 袖子的变化·长袖

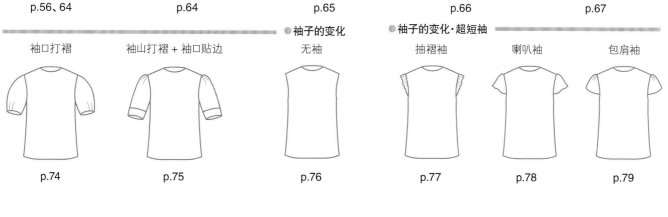

袖口抽褶　　袖山、袖口抽褶　　灯笼袖　　袖山打碎褶　　喇叭形袖口
p.56、64　　　p.64　　　　　　p.65　　　　p.66　　　　　p.67

袖口打褶　　袖山打褶 + 袖口贴边　　　● 袖子的变化　　● 袖子的变化·超短袖
　　　　　　　　　　　　　　　　　无袖　　　　　抽褶袖　　喇叭袖　　包肩袖
p.74　　　　p.75　　　　　　　　　　p.76　　　　　p.77　　　p.78　　　p.79

5

本书的使用方法

部件的种类

表示身片、袖子、领子等部件的种类和名称，部件的名称与实物等大纸样上的名称相同。

解说

解释说明种类特征和缝纫要点等。

纸样

此处把实物等大纸样缩小了，所以这里只表示部件的使用方法。

·【 】这种括号内的英文字母表示实物等大纸样所在的页面，其后面的文字表示部件的名称。

·标注为灰色的部分···表示实物等大纸样是通用的，所以多根线条重合在了一起。为了容易辨别，重复使用的部分上了颜色，单独使用的部件上面没有着色。

·基本的内侧线是成品线（纸样上标示的线），外侧线表示的是带缝份的尺寸线。

·缝份的宽度、黏合衬、布纹线有标准的表示方法。根据设计和缝纫方法的不同而发生变化，请作为参考。

·本书图中表示长度的数字，未注明的情况下，单位均为厘米（cm）。

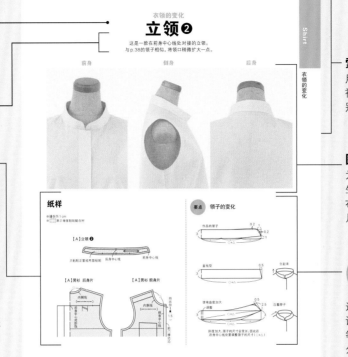

索引

用不同颜色来区分男士衬衫和女士衬衫，列出了各个部件的名称或类别。

图片

为了使样板作品不因布料质地而产生误差，因此所有作品均使用宽幅薄布料。根据需要展示前片、侧片、后片。

要点

这一部分记载着：制作方法的部分说明、设计方法、更便于制作的提示等信息。有的作品中没有设计这一部分。

✚ 也可以这样使用!

目录（p.3~5）中的插图均为同样的比例，按照顺序将身片、袖子、领子等部件誊画到透明纸上，就可以设计出自己喜欢的样式了。如果再加上扣子和花色等，在制作之前就能更具体地想象出完成后的样子了。可自由组合。请快快尝试吧！

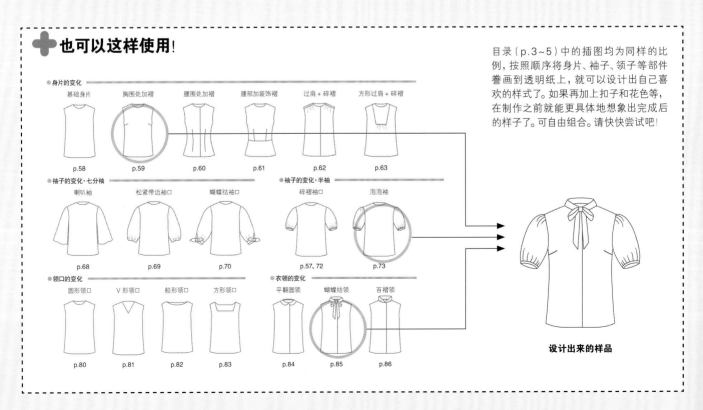

设计出来的样品

各部件的名称

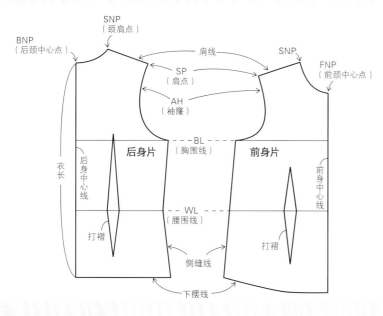

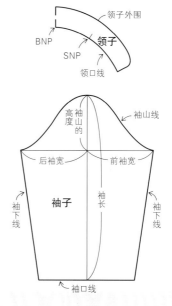

主要标注：
- SNP（颈肩点）
- BNP（后颈中心点）
- 肩线
- SP（肩点）
- AH（袖窿）
- FNP（前颈中心点）
- BL（胸围线）
- 后身片
- 前身片
- 后身中心线
- 前身中心线
- 衣长
- WL（腰围线）
- 打褶
- 侧缝线
- 下摆线
- 领子外围
- 领子
- 领口线
- 袖山线
- 袖山的高度
- 后袖宽
- 前袖宽
- 袖子
- 袖长
- 袖下线
- 袖口线

线条的种类及符号

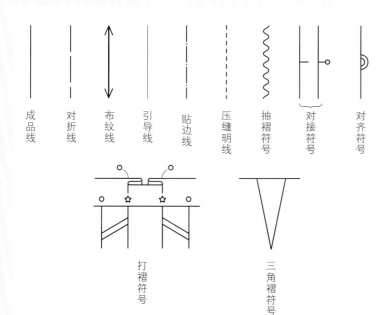

成品线 对折线 布纹线 引导线 贴边线 压缝明线 抽褶符号 对接符号 对齐符号

打褶符号　　三角褶符号

成品线
表示成品尺寸的线条。
对折线
将布料对折形成的折线。
布纹线
表示与布料的布边平行的经线符号。
引导线
一般位于胸围线和反面折叠的位置等，具有作为辅助线的作用。
贴边线
表示需要添加贴边的线。
压缝明线
压缝正面可以看到针脚的线迹。
抽褶符号
表示抽褶收缩的符号。
对接符号
与其他部件缝合时，为了对齐不错开的符号。
对齐符号
表示各部件对齐的符号。
打褶符号
从斜线高的一端向低的一端折叠。
三角褶符号
将两条线重合到一起缝合的符号。

纸样的誊画

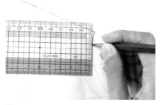

1. 从实物等大纸样中选择想制作的设计和尺寸，用标记笔等标上符号。

2. 在实物等大纸样上铺上硫酸纸，放上镇纸，以防移动，使用方格尺子画线。

3. 曲线部分要一点一点变化方格尺子的角度画线。

4. 根据需要加入对接符号、部件名称和布纹线等。

关于缝份

缝份的宽度和转角部分，可根据制作方法和使用材料的不同有所变化。
使用容易绽开的布料和较厚的布料时，缝份稍微留多一点；弯度较大的地方，缝份少留一点，可灵活调整。
拿不准、有点担心的时候，可多留一点缝份，做好之后再剪去多余部分即可。

标准的缝份宽度

下摆、袖口、口袋口等处折一折时	2 cm左右
下摆、袖口、口袋口等处折两折时	2~4 cm
领子周围、领口等弯度较大的地方	0.7 cm
其他地方（侧缝、袖下、肩部、袖窿等）	1 cm

缝份的做法

首先，在转角以外的直线、曲线部分，使用方格尺子与成品线平行画线。接着
画出转角处的缝份。转角处的缝份根据缝纫方法和倒向的不同而不同，请参考
下图，根据缝纫的顺序适当添加缝份。

※ 最基本的是延长先缝纫的一侧
※ 需要折边角（袖口和下摆等）时，延长折起的一侧

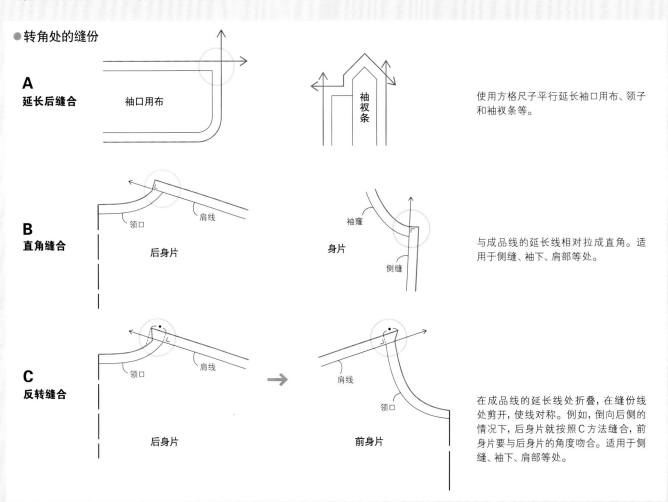

●转角处的缝份

A 延长后缝合　　袖口用布　　　　　　　　　袖袢条

使用方格尺子平行延长袖口用布、领子
和袖袢条等。

B 直角缝合　　领口　肩线　后身片　　　袖窿　身片　侧缝

与成品线的延长线相对拉成直角。适
用于侧缝、袖下、肩部等处。

C 反转缝合　　领口　肩线　后身片　　　肩线　领口　前身片

在成品线的延长线处折叠，在缝份线
处剪开，使线对称。例如，倒向后侧的
情况下，后身片就按照C方法缝合，前
身片要与后身片的角度吻合。适用于侧
缝、袖下、肩部等处。

● **需折叠的角处的缝份**（以袖口为例进行说明）

折一折

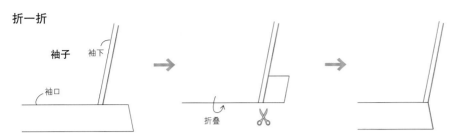

1. 延长袖口的成品线，在转角的周围多预留一些，剪下纸样。

2. 在成品线处折叠，沿着袖下的缝份线剪去多余部分。

3. 必要的缝份就预留好了。

折两折

与折一折方法相同，将缝份折两折后剪去多余部分。

● **胸褶** ※打褶也采取同样的方法

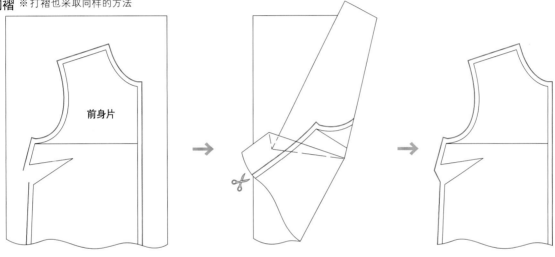

1. 留出胸褶部分，先画出其他部分的缝份线。

2. 折叠胸褶部分，沿缝份线剪掉多余部分。
※ 注意胸褶的倒向

3. 必要的缝份就做好了。

重点是直角

● **对折线和交叉线**

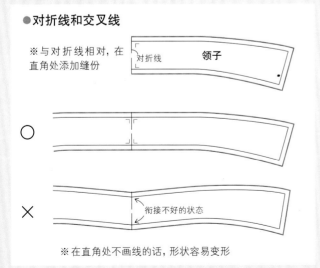

※与对折线相对，在直角处添加缝份

○

×

※在直角处不画线的话，形状容易变形

● **对接符号**

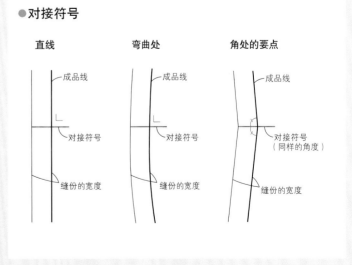

关于工具和材料

纸样制作、布料裁剪、缝合完成等都需要工具和材料。
一开始没有必要全部准备齐全，但使用方便的工具和材料在手边，才能够轻松地开始缝纫。

工具和材料提供／★＝CLOVER株式会社、缝纫线＝株式会社FUJIX

方格尺子★
长度50 cm、方格中印有数字且透明的尺子比较方便。主要用于测量尺寸、誊画纸样等。

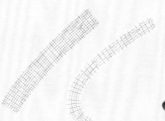

弯尺★
主要用于制图和誊画纸样的曲线部分。

硫酸纸★
是一种可以看到下层东西的薄而结实的纸，主要用于制图和誊画纸样。

镇纸★
为压住纸样不要错开而用的重物。

画粉笔★
这是一种用于在布料上画出符号的笔。容易洗掉的水溶性笔比较方便。

布用复写纸★
用于画印记。有单面和双面两种，和描线轮一起使用。

描线轮★
与布用复写纸一起使用。带有圆齿轮。

裁布剪刀★
用于裁剪布料的剪刀。如果裁剪布料以外的东西，切口会变钝，所以请专用于布料裁剪。

裁纸剪刀
主要用于裁剪纸样等纸类和布料以外的松紧带、带子等。

剪线剪刀★
剪线用的剪刀。主要用于细小部分的剪切。

熨斗
平整布料、伸展褶皱、整理形状、打褶、分开缝份等情况下，熨斗是必不可少的。每一道工序做完都用熨斗整理形状的话，效果会有很大的改善。

缝纫机
家用缝纫机。推荐使用可以做直缝线迹、Z形线迹和基本锁眼线迹的缝纫机。

针插*
用于插放大头针和缝纫针等。

大头针*
用于布料之间的假缝固定。玻璃珠头耐热性强，插好后直接用熨斗熨烫也没关系。

固定夹*
主要用于固定厚布料或不想留针眼的面料。

锥子*
在缝纫时往缝纫机里送布或调整衣角时使用。

拆线刀*
主要用于拆开接缝或挖扣眼。

穿绳器*
是一种夹着松紧带或绳子穿过去的工具。

缝纫针和线

选择适合所用布料的缝纫针和缝纫线，才能制作出漂亮的接缝。
缝纫针的号码越大越粗，号码越小越细。缝纫线的号码越大越细，号码越小越粗。
请根据布料的厚度和材料的不同选择使用。

线的色彩搭配

为了使接缝不那么显眼，
要使布料和缝纫线的颜色基本吻合，但也不是绝对的。
如果想使针脚发挥装饰效果，
诀窍是换用颜色醒目的缝纫线或粗线。

布料的种类（标准）	缝纫针	缝纫线
薄面料 （细麻纱、巴厘纱等）	9～11号	90号
普通面料 （棉布、亚麻布、尼龙布、薄牛仔布、薄毛料）	11～14号	60号
厚面料 （针织布、毛料、粗花呢布料等）	14～16号	60～30号

浅颜色的情况下
可把样品缝纫线放到所用布料上，选择最为接近的颜色。没有完全吻合的颜色时，选择稍微亮一点的颜色的话，接缝处不会太显眼。

深颜色的情况下
可把样品缝纫线放到所用布料上，选择最为接近的颜色。没有完全吻合的颜色时，选择稍微暗一点的颜色的话，接缝处不会太显眼。

印花布的情况下
可选择花纹中使用最多的颜色，能跟花纹融合到一起，接缝处不会太显眼。

关于布料

布料的选择对于决定轮廓和设计非常重要。要了解布料的种类和特性，才能够完成和想象中一样的作品。

相关术语

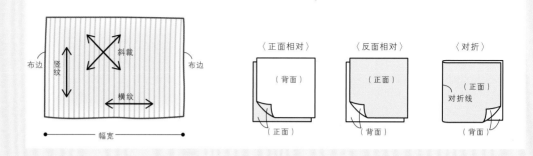

〈正面相对〉　〈反面相对〉　〈对折〉

布料的准备

[过水]

有的布料会因洗涤而收缩，这种布料在裁剪之前要过水使其收缩。但是，浸入水中会褪色或手感发生变化的布料（如化纤和丝绸布料等）不用过水。

[整理布料]

布料的经线和纬线不能歪，为此要对布料进行整理，这就叫作整理布料。

● 棉（棉布）、麻（亚麻布）

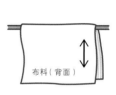

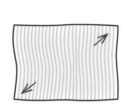

1. 将布料充分浸泡到水中，浸泡一个晚上。

2. 轻轻挤出水，整理布纹后阴干。

3. 在完全干透之前，伸展布料，将布的经线和纬线整理成垂直状态。

4. 在半干的状态下，沿着布纹线从背面熨烫。

● 化纤布料

这种布料不用过水和整理。如果担心起皱，可用熨斗低温轻轻拉伸熨烫。

● 绢（丝绸布料）

这种布料不用过水，用熨斗低温修整布纹即可。

● 毛料

用喷雾器将布料全部喷湿，为防止水分蒸发，将其装入一个大大的塑料袋中，放置一个晚上。从塑料袋中取出面料，用熨斗低温熨烫背面修整布纹。为了不破坏手感，可铺上一块垫布，或者稍微向上悬空熨斗，边调整边熨烫。

布料的种类 ※样品布料均为10 cm×10 cm

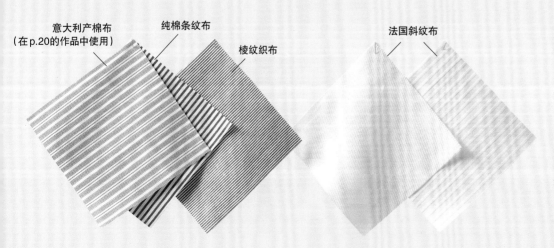

意大利产棉布（在p.20的作品中使用）　纯棉条纹布　棱纹织布　法国斜纹布

这些都是用于制作衬衫的纯棉布料。容易缝制和裁剪，是衬衫布料的基本要求。纱线越细，手感越柔软，这种布料就越适合制作高级女士衬衫。法国斜纹布的特征是右斜纹。另外，也推荐使用细平纹布料和细条纹布料。

棉质雪纺　　　　　　　　　双层纱

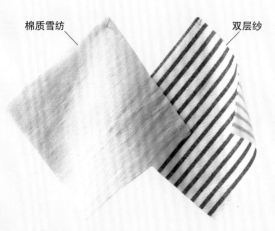

80支上等细布　　　　　　　　太空细棉布
（在p.17的作品
中使用）

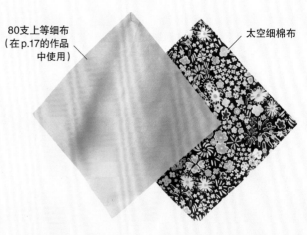

这些是柔软、吸汗性能优越的面料，也可以用于制作平时穿的贴身衣服。适合制作男士衬衫和女士夏天穿的衬衫。

这些是透气性较好的薄的平织布料，且容易处理。像丝绸一样光滑和艳丽，适合制作夏天穿着的衬衫，也适合制作优雅的连衣裙。

多臂花式织物

褶皱纱　　　　　　　　　　　　柳条绉

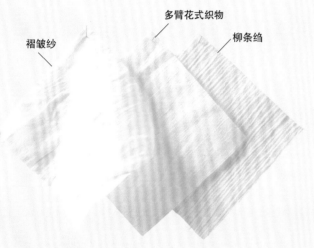

纯棉布（刺绣）　　　　　　　　纯棉布（织花）

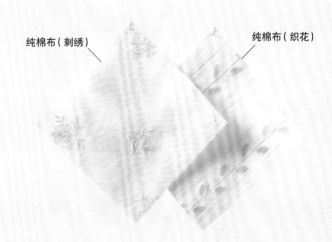

这些是纯棉面料。因为表面有细细的褶皱，皮肤接触面较少，手感轻柔光滑，用其制作的夏装很舒服。也可以用于制作无袖短外衣。

这些是通过刺绣和织花使纯棉布发生了变化的平织布料，充满时尚感。想突出女性气息的时候可使用此面料。

人造丝大花　　　　　　　　　　　　　　平纹方格布　　　先染格纹布
印花布　　　　　　　　多色条纹纯棉布
　　　　　　　　　　　　　　　　　　　　　　　　　　　　　　　　　印花布
　　　　　　　　　　　　　　　　圆点图
　　　　　　　　　　　　　　　　案棉布

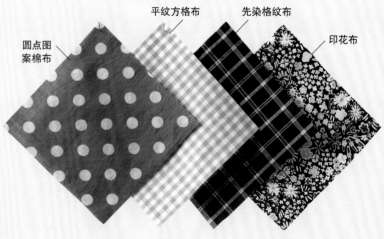

大花朵的印花布给人一种充满个性的感觉。作为点缀，可用于口袋等部位。如果需要花朵拼接或者特定方向的条纹，在裁剪时一定要注意。

这些是平织的、纯棉的、带基本花纹的布料。花色丰富，适合制作任何季节的衬衫。

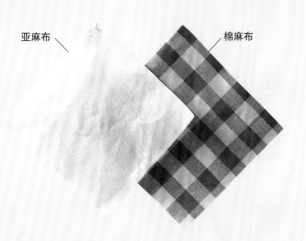

亚麻布　　　　　　棉麻布

亚麻布　　　　　　亚麻褶皱布

亚麻布是以亚麻为原料制成的布料，厚度各有不同，强度和吸水性能优越，具有柔软又柔和的手感，但是容易起皱。与棉线混纺的棉麻布就不太容易起皱，裁剪和缝制也更加容易。

这些布料是斜织而成的，布纹容易滑动，裁剪、缝制比较困难。主要用于制作衬衫等，最能体现亚麻布料独特的轻柔光滑的手感。

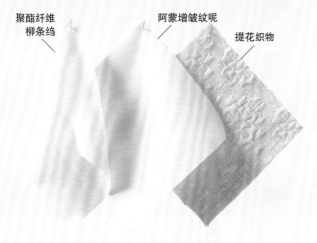

聚酯纤维
柳条绉　　　　　阿蒙增皱纹呢
　　　　　　　　　　　　提花织物

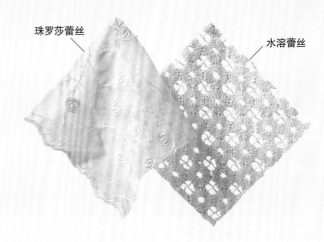

珠罗莎蕾丝　　　　　　水溶蕾丝

这些布料比较合习惯使用化纤布料来缝制衣服的各位。柳条绉是在纵向上有细小皱纹的布料。阿蒙增皱纹呢是像绉纱一样凹凸不平的梨皮纹织物的一种。提花织物是一种奇特的布料，是用提花织布机织成的。

珠罗莎蕾丝是在细细的网状布料上进行刺绣制作而成的。这种扇贝形的花边设计也很有魅力。水溶蕾丝是将刺绣好的布料进行化学处理，将花样之外的布料融化掉而制成的蕾丝，看起来甜美、优雅。

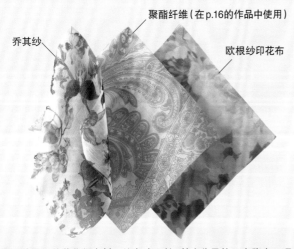

聚酯纤维（在p.16的作品中使用）
乔其纱　　　　　　　　欧根纱印花布

双绉绸

这是三种平织的薄化纤布料。从左边开始，特点为柔软→有张力、硬。悬垂性能高的左边的乔其纱和中间的聚酯纤维，主要用于抽褶部分和制作喇叭裙。右边的欧根纱印花布主要用于平板式样和具有三角褶的设计。

这是一种很上档次的平织布料，有光泽且悬垂性很好，还不容易起皱，多用于制作带蝴蝶结的衬衫和带抽褶的时髦设计。如果用于衬衫的话，会产生垂坠感，可以给人与平时不同的印象。

真丝缎子面料
（在p.19的作品中使用）

印花丝绸布

印度丝绸

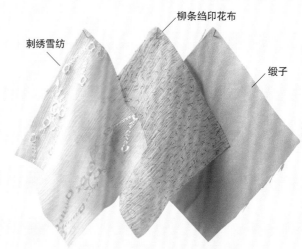

刺绣雪纺

柳条绉印花布

缎子

如果缝制技术娴熟，推荐使用丝绸布料。真丝是天然纤维中的动物纤维之一，吸湿性和保温性优良。这种布料适合制作成人服饰，可以更好地展现其漂亮的悬垂感。

这是三种手感柔软的丝绸布料。优雅的光泽和柔软的触感是它们的显著特点。非常适合用于女性服装的轮廓设计。

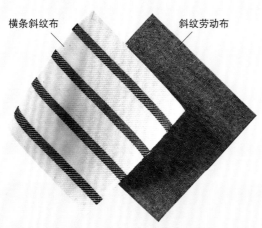

横条斜纹布

斜纹劳动布

斜纹印花布

异色套格花纹布
（在p.18的作品中使用）

这些是纯棉的中厚布料。比普通布料稍微厚一点，缝纫线可使用60~30号的。适合制作休闲款衬衫。横条纹布料需要对准条纹。

建议将这些布料用于秋冬装设计。纯棉的斜纹布料，采取了绫织的技法，手感很好不容易起皱。异色套格花纹布是将聚酯纤维和人造纤维混纺而成的布料，结实轻便，具有像毛料一样的手感。
素材提供 / 清原株式会社（异色套格花纹布：TAF-03 BK）

起绒格子呢

法兰绒

粗花呢

天鹅绒

这些是容易打理、容易缝制的薄羊毛布料。毛绒的布料最适合冬装的制作。法兰绒是呢面起绒的毛纺织品的一种。

这些布料适合秋冬装的制作。粗花呢是用粗羊毛线纺织而成的厚布料。天鹅绒是起绒织物的一种，有光泽。比法兰绒厚实，所以适合能够穿出外罩感觉的女士衬衫和无抽褶设计。

用实际面料动手制作吧

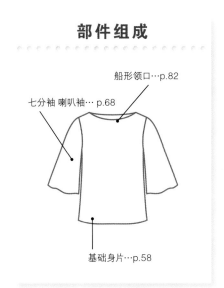

部件组成

船形领口…p.82

七分袖 喇叭袖… p.68

基础身片…p.58

后身

Sample 1

喇叭袖船形领口上衣

在基础身片上搭配喇叭形七分袖，船形领口简洁大方。
使用轻柔的化纤面料或轻薄的棉质面料都能使袖子很
好地下垂。将身片拉长即可设计成束腰外衣的款式。
制作方法 p.90

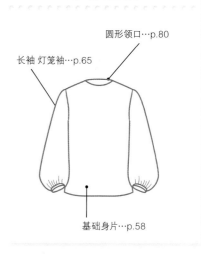

部件组成

圆形领口⋯p.80

长袖 灯笼袖⋯p.65

基础身片⋯p.58

Sample 2

灯笼袖圆领口衬衣

袖口非常宽松的灯笼袖,建议使用棉麻或化纤等轻柔
且略带张力的布料。厚布料或较重的布料,不容易均
匀打褶,难以做成非常饱满的袖口。

制作方法 p.92

后身

17

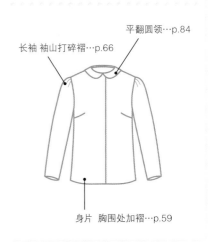

平翻圆领…p.84
长袖 袖山打碎褶…p.66
身片 胸围处加褶…p.59

侧身

Sample 3

深色平翻圆领的格子衬衫

以胸围处加褶的身片为基础搭配细长的袖子。如果使用化纤或纯棉等中厚布料的话，可以作为外套穿着，穿起来有种夹克的感觉。领子和扣子使用深色布料，可使整体多一分内敛沉稳。

制作方法　p.94

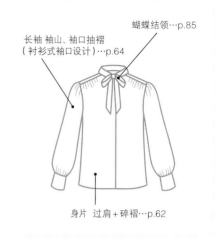

部件组成

长袖 袖山、袖口抽褶
（衬衫式袖口设计）…p.64

蝴蝶结领…p.85

身片 过肩+碎褶…p.62

衬衫式袖口

后身

Sample 4

蝴蝶结领的绸缎衬衫

这款身片和袖口都有许多碎褶的衬衫，使用绸缎面料
制作最上档次。将袖口做长一点，缝上小小的包扣，即
成为该款的亮点。也可以使用不容易起皱的化纤布料。

制作方法　p.96

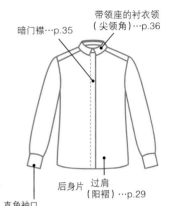

部件组成

带领座的衬衣领
（尖领角）…p.36

暗门襟…p.35

后身片   过肩
（阳褶）…p.29

直角袖口
（袖口：用袖衩条缝制开衩、打褶）…p.42

侧身

Sample 5

暗门襟的基础款衬衫

这是一款可以改变过肩设计的基础款衬衫，通过暗门襟加以区别。普通白色无花纹布料当然可以，细条纹或平纹格子布料也可以。因为这款衬衫看起来非常清爽，所以系扣或者敞开穿着均可。

制作方法　p.98

Shirt
男士衬衫

衬衫原来是用于男士贴身穿着，
为防止弄脏西服或夹克衫而制作的。
一般使用结实的棉质布料，
前开口、带领子和袖口的上衣一般称之为衬衫。

挑选自己喜欢的领子和袖口，
确定是能够自由用到通用身片和衣袖上的类型。
请阅读每个部件的说明，
来尝试制作自己喜欢的个性化的衬衫吧。

组合表

因为衬衫的身片和衣袖是通用的，轮廓上没有大的变化。但是，衣领、前门襟和袖口可以变化。
一部分除外，其他部件都可以组合。为了容易理解，我们做了图表。

	前身片的过肩 可以看到肩部下方的切换线	●后身片 过肩 p.28	过肩(阳褶) p.29	过肩(刀褶) p.30	过肩(碎褶) p.31	●口袋 四边形	五边形 p.46
带领座的衬衣领（尖领角） p.36		○	○	○	○		
带领座的衬衣领（圆领角） p.37		○	○	○	○		
立领❶ p.38		○	○	○	○		
立领❷ p.39		○	○	○	○		
翻领 p.40		○	○	○	○		

●长袖	直角袖口	圆角袖口	双层绅士截角袖口	●半袖	●前门襟 折一折	折两折	暗门襟	3种类型
袖子通用,袖口形状及褶子制作方法等方面有变化。展示了从前身看到的长袖的轮廓	p.42	p.43	p.44	袖子通用。展示了从前身看到的半袖的轮廓	p.32	p.33	p.35	p.34
基础款(长袖) p.24	○	○	○	基础款(半袖) p.25	○	○	○	○
	○	○	○		○	○	○	○
	○	○	○		○	○	○	○
	○	○	○		○	○	✕ ※暗门襟的缝份层数多,用领子夹住较难	△ ※根据前门襟的缝纫方法,通过附加条件可以
	○	○	△ ※优雅的袖口,与翻领便装衬衫不协调		✕	✕	✕	✕ ※前门襟的一部分会成为与身片相连的领子,会影响缝纫线和接缝,最好使用贴边

23

基础款（长袖）

这是一件基础款衬衫，在基础身片上搭配了带领座的衬衣领和袖口打褶的衣袖。
它可以呈现出优美的身体线条、整齐的轮廓。

前身	侧身	后身

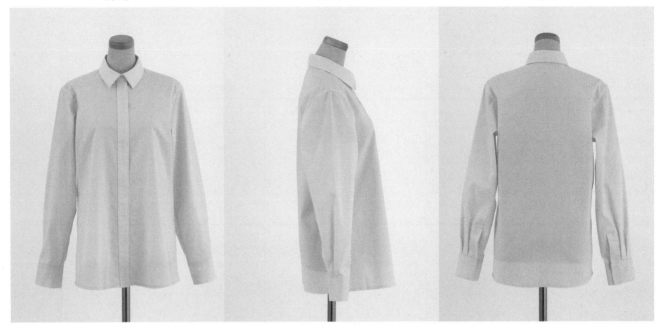

纸样

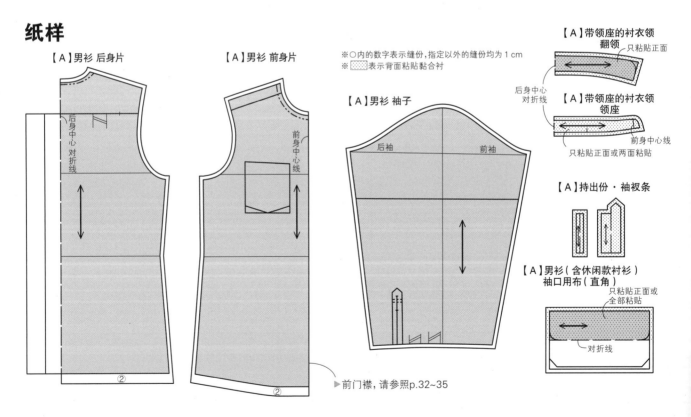

【A】男衫 后身片

【A】男衫 前身片

※ ○内的数字表示缝份，指定以外的缝份均为 1 cm
※ ▨ 表示背面粘贴黏合衬

【A】男衫 袖子

后袖　前袖

后身中心对折线

【A】带领座的衬衣领
翻领

只粘贴正面

【A】带领座的衬衣领
领座

前身中心线

只粘贴正面或两面粘贴

【A】持出份·袖衩条

【A】男衫（含休闲款衬衫）
袖口用布（直角）

只粘贴正面或
全部粘贴

对折线

后身中心对折线

前身中心线

▶ 前门襟，请参照p.32~35

基础款（半袖）

这款基础半袖衬衫,袖子以外的部分与p.24的基础款衬衫(长袖)通用。

前身	侧身	后身

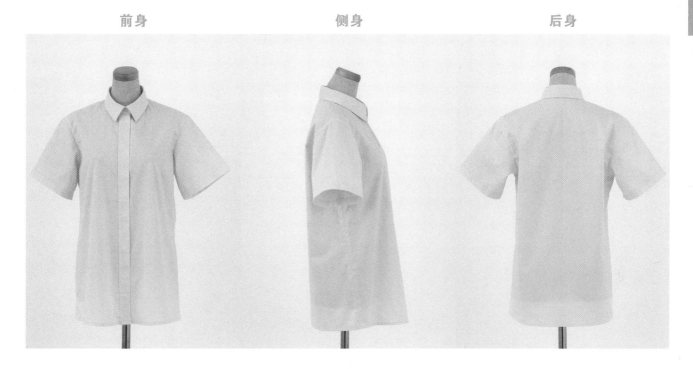

纸样

※○内的数字表示缝份,指定以外的缝份均为 1 cm
※袖子以外的部分与 p.24 的通用

【A】男衫 袖子

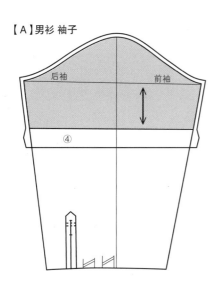

后袖　前袖

④

要点 使下摆有一定的弧度

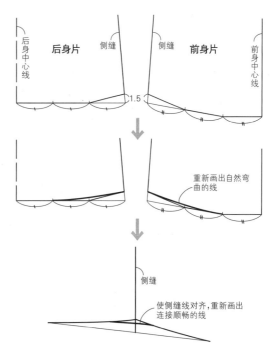

后身中心线　后身片　侧缝　侧缝　前身片　前身中心线

1.5

重新画出自然弯曲的线

侧缝

使侧缝线对齐,重新画出连接顺畅的线

休闲款衬衫（长袖）

这款休闲长袖衬衫比基础款衬衫更为宽松。
使用过肩设计。建议想随意穿着的时候穿。

前身　　　　　　　　侧身　　　　　　　　后身

纸样

▶▶▶下接p.27

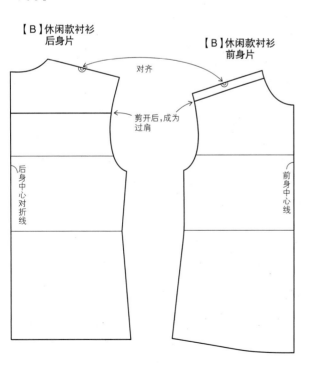

【B】休闲款衬衫
后身片

对齐

剪开后，成为
过肩

【B】休闲款衬衫
前身片

后身中心对折线

前身中心线

过肩

后身中心对折线

后身片

后身中心对折线

②

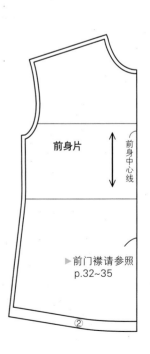

前身片

前身中心线

▶前门襟请参照
p.32~35

②

26

休闲款衬衫（半袖）

这是一款半袖的休闲衬衫。袖子以外的部分与 p.26 的休闲款衬衫(长袖)通用。

前身　　　　　　　　　　侧身　　　　　　　　　　后身

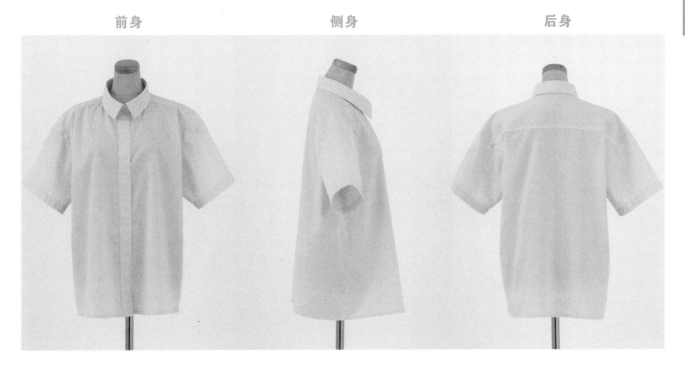

【B】休闲款衬衫 翻领
只粘贴正面
后身中心
对折线

【B】休闲款衬衫
领座
只粘贴正面或两面粘贴
前身中心线

※〇内的数字表示缝份,指定以外的缝份均为 1 cm
※ ░░░ 表示背面粘贴黏合衬
※长袖、半袖通用

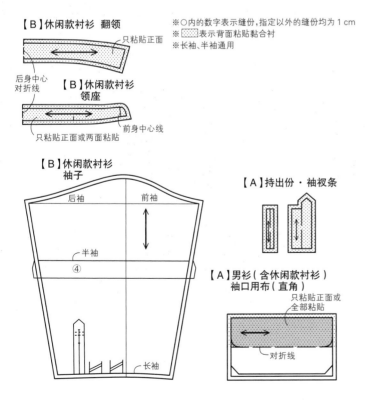

【B】休闲款衬衫
袖子
后袖　前袖
半袖
④
长袖

【A】持出份・袖衩条

【A】男衫(含休闲款衬衫)
袖口用布(直角)
只粘贴正面或
全部粘贴
对折线

要点　在前身片上画出对折线设计
成半开襟衬衫

【B】休闲款衬衫 前身片

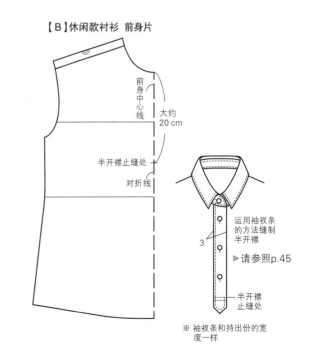

前身中心线
大约
20 cm
半开襟止缝处
对折线

运用袖衩条
的方法缝制
半开襟
3
▶请参照p.45
半开襟
止缝处

※ 袖衩条和持出份的宽
度一样

27

后身片的变化

过肩

这是在 p.24 的衬衫身片上加上过肩的设计。通过改变，可以丰富设计。

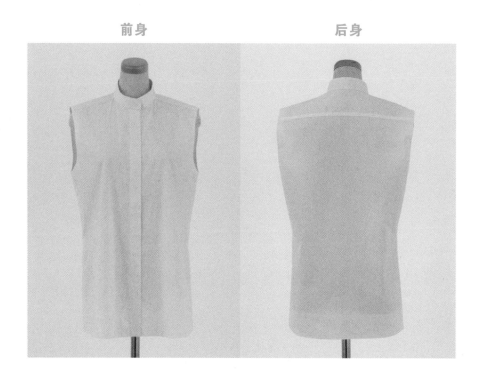

前身　　　　　　　　后身

纸样

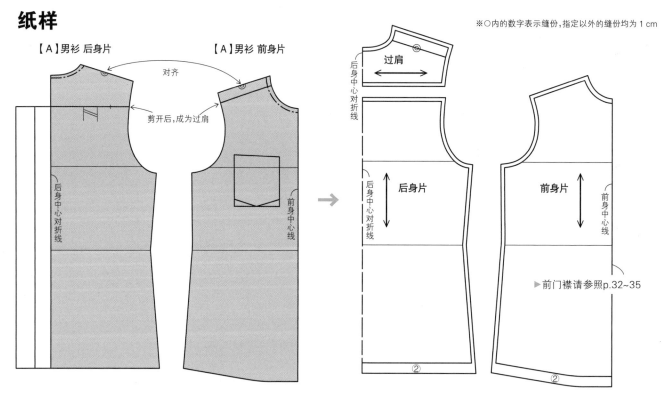

※○内的数字表示缝份，指定以外的缝份均为 1 cm

【A】男衫 后身片　　　【A】男衫 前身片

对齐

剪开后，成为过肩

过肩

后身中心对折线

后身片

前身中心线

后身中心对折线

后身片

前身片

前身中心线

▶前门襟请参照p.32~35

后身片的变化

过肩（阳褶）

改版 p.28 的后身片，在后身中心线处加入阳褶。

后身

纸样

※○内的数字表示缝份，指定以外的缝份均为 1 cm
※前身片和过肩与 p.28 的通用

【A】男衫 后身片

后身中心线

画出打褶符号

后身中心对折线

后身片

②

要点　打褶的方法

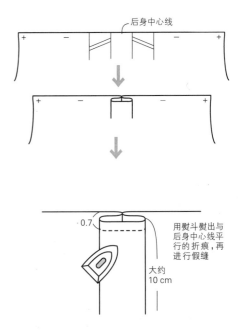

后身中心线

+　−　　−　+

+　−　　−　+

0.7

用熨斗熨出与后身中心线平行的折痕，再进行假缝

大约 10 cm

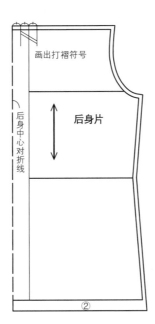

过肩（刀褶）

改版 p.28 的后身片，在两侧加入刀褶。

后身

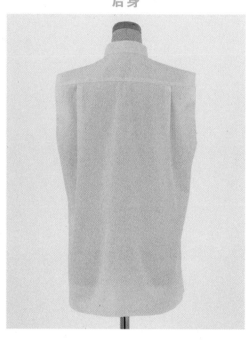

纸样

※○内的数字表示缝份，指定以外的缝份均为 1 cm
※前身片与 p.28 的通用

【A】男衫 后身片

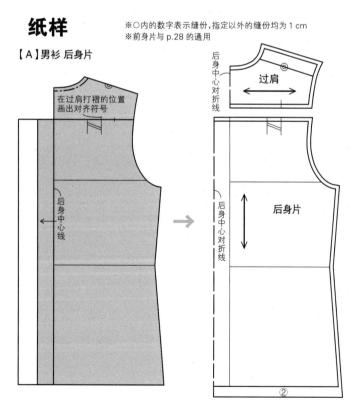

在过肩打褶的位置
画出对齐符号

后身中心线

过肩

后身中心对折线

后身片

后身中心对折线

②

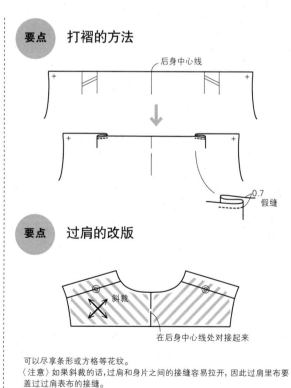

要点 打褶的方法

后身中心线

0.7
假缝

要点 过肩的改版

斜裁

在后身中心线处对接起来

可以尽享条形或方格等花纹。
〈注意〉如果斜裁的话，过肩和身片之间的接缝容易拉开，因此过肩里布要
盖过过肩表布的接缝。

后身片的变化
过肩（碎褶）

改版 p.28 的后身片，在后身片上抽碎褶。

后身

纸样

※○内的数字表示缝份，指定以外的缝份均为 1 cm
※前身片与 p.28 的通用

【A】男衫 后身片

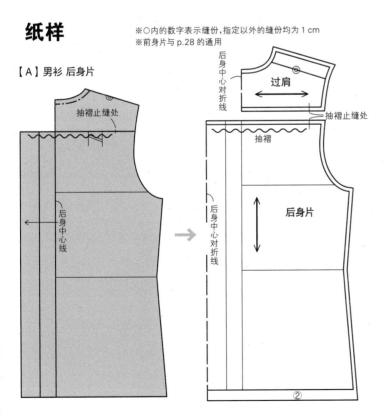

后身中心对折线

过肩

抽褶止缝处

抽褶

后身中心对折线

后身片

②

抽褶止缝处

抽褶止缝处

后身中心线

要点　**抽碎褶的方法**

1. 始缝处和止缝处各留 10 cm 左右，用大针脚机缝 2 行。

大针脚机缝

2. 将上层的 2 根线一起握住，同时拉紧，均匀抽出细褶。

大针脚机缝的方法

在成品线上下各缝 1 行

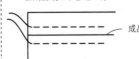

成品线

成品线两侧能够用线压住，所以抽的碎褶就很稳定。缝好之后，必须抽出大针脚机缝线。

在缝份内缝 2 行

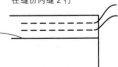

因为只在缝份内抽碎褶，所以有时像打褶一样。这种情况下不用抽去大针脚机缝线，适合针眼明显的布料。

折一折

这是一款将前门襟作为贴边裁剪的设计。因为就折一折,所以可以减少厚度是这款的要点。
在贴边部分粘贴黏合衬以增加硬度。

前身

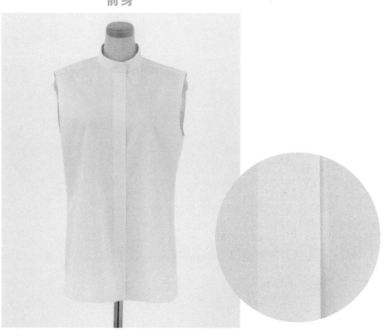

纸样

※〇内的数字表示缝份,指定以外的缝份均为 1 cm
※ ▨▨▨ 表示背面粘贴黏合衬
※右前身片、左前身片通用

【A】男衫 前身片

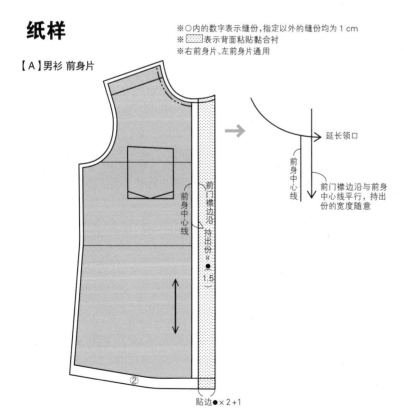

延长领口

前身中心线

前门襟边沿与前身中心线平行,持出份的宽度随意

前身中心线

前门襟边沿 持出份＝● 1.5

贴边●×2+1

要点 缝制的方法

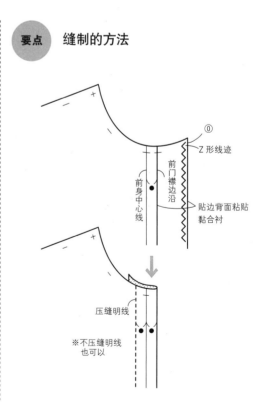

延长领口

Z 形线迹

前门襟边沿

前身中心线

贴边背面粘贴黏合衬

压缝明线

※不压缝明线也可以

前门襟的变化

折两折

这是一款完整折两折的标准前门襟。厚度一致，容易缝纫，所以推荐初学者使用。
如果不想显现出缝份，也可以使用此方法。

前身

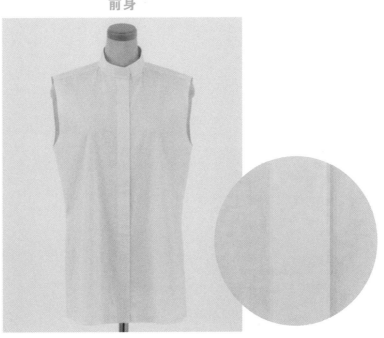

纸样

※○内的数字表示缝份，指定以外的缝份均为 1 cm
※右前身片、左前身片通用

【A】男衫 前身片

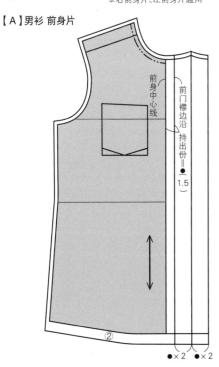

要点 缝制方法

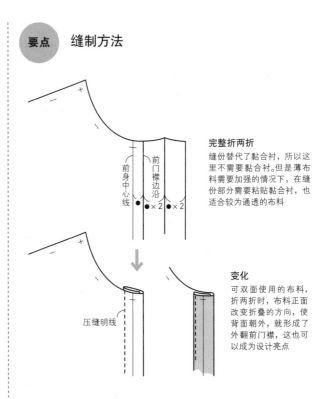

完整折两折
缝份替代了黏合衬，所以这里不需要黏合衬。但是薄布料需要加强的情况下，在缝份部分需要粘贴黏合衬，也适合较为通透的布料

变化
可双面使用的布料，折两折时，布料正面改变折叠的方向，使背面朝外，就形成了外翻前门襟，这也可以成为设计亮点

压缝明线

3种类型

下面介绍一下外观相同、缝制方法不同的3种类型的前门襟。
A是将布边夹到褶缝间的类型。B和C是用另外一种布料缝制前门襟。

前身

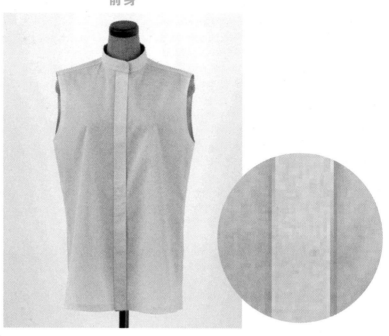

纸样

※〇内的数字表示缝份，指定以外的缝份均为1 cm
※▨表示背面粘贴黏合衬

【A】男衫 前身片

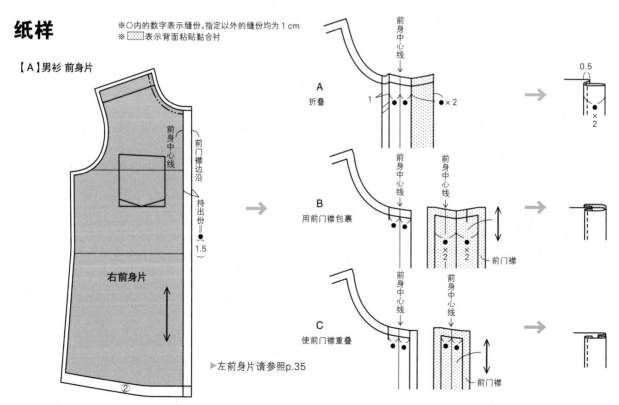

前身中心线

前门襟边沿

持出份＝（●＝1.5）

右前身片

②

A
折叠

前身中心线
前身中心线

1　　●×2

0.5

●×2

B
用前门襟包裹

前身中心线
前身中心线

●×2　●×2

前门襟

C
使前门襟重叠

前身中心线
前身中心线

前门襟

▶左前身片请参照p.35

前门襟的变化

暗门襟

把前门襟像褶子一样折叠成双层,缝制成隐藏扣子的暗门襟。
薄的布料比较通透,能从外面看见扣子,所以必须注意。

前身

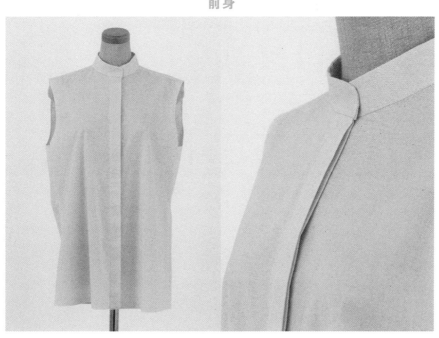

纸样

※○内的数字表示缝份,指定以外的缝份均为1 cm
※▨ 表示背面粘贴黏合衬

【A】男衫 前身片

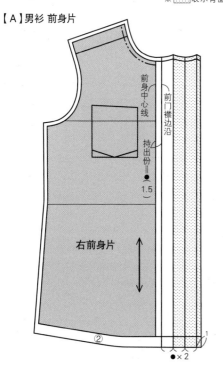

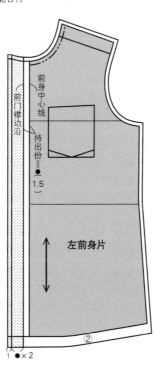

要点　缝制方法

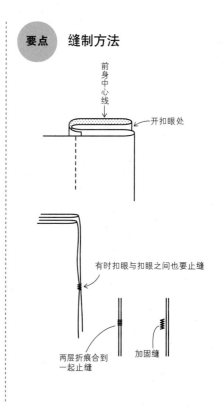

带领座的衬衣领（尖领角）

普通衬衫常用带领座的领子。
这是由领座和翻领2个部件构成的款型，要保持领子形状，需要粘贴黏合衬。

前身　　　　　　　　侧身　　　　　　　　后身

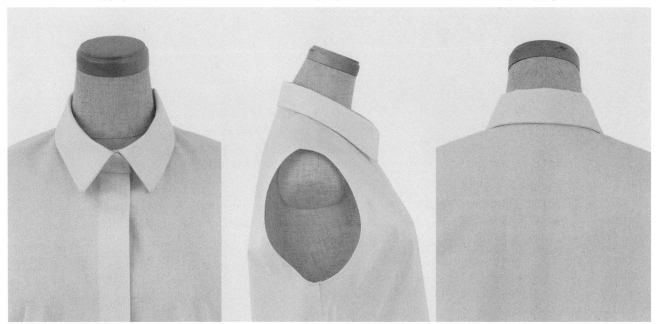

纸样

※缝份为 1 cm
※ ▨ 表示背面粘贴黏合衬

【A】带领座的衬衣领 翻领

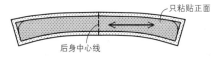

只粘贴正面
后身中心线

【A】带领座的衬衣领 领座

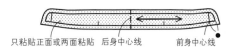

只粘贴正面或两面粘贴　后身中心线　前身中心线

【A】男衫 后身片　　　　　【A】男衫 前身片

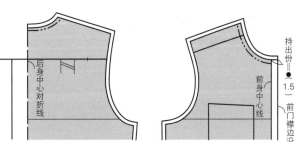

后身中心对折线

前身中心线

持出份＝●（1.5）前门襟边沿

要点　**将衣领缝制漂亮的要点**
（翻领、领座通用）

1. 画出成品线

粘贴好黏合衬之后，要画出成品线，并要
谨慎地在其上面缝纫

（背面）

2. 针脚要小

在缝纫中有一点点的错位就会产生影响，
所以，与其他缝纫相比针脚要小一些，
特别是曲线部分，要谨慎地在成品线上缝纫不能错位

3. 不要在领角上扎针

如果在领角上扎针的话，翻至正面时，领尖容易变圆，所
以从领角跳过后要改变针的角度

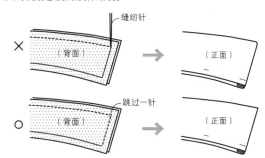

缝纫针

×　（背面）　→　（正面）

○　（背面）　跳过一针　→　（正面）

衣领的变化

带领座的衬衣领（圆领角）

与 p.36 的领子通用，把翻领领尖设计成圆形即可。因为形成了曲线，所以有种柔和的感觉。

前身	侧身	后身

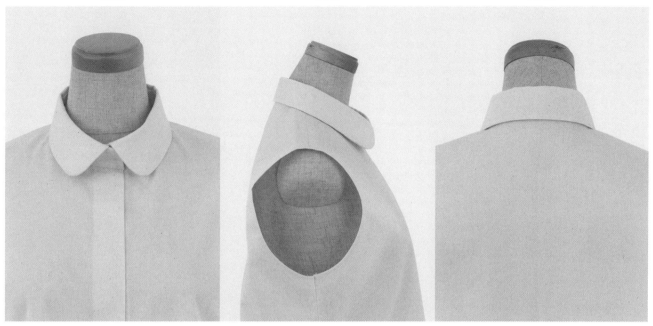

纸样

※缝份为 1 cm
※▨▨▨ 表示背面粘贴黏合衬
※前、后身片，领座与 p.36 的通用

【A】带领座的衬衣领 翻领

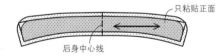

只粘贴正面

后身中心线

要点　翻领的设计

只需变化领角的圆度和布纹，
就会有不同的印象，
或者衣身使用带花纹的布料，衣领使用
无花纹的布料也可以

后身中心对折线 ↓

使领角变圆

平缓的弯曲 —— 2～2.3

或者是 ✕

立领①

这是一款将领子延伸到前门襟边沿，并使之在前身中心线处重叠起来的立领。
它是长方形上稍微有一点倾斜的细长形领子。

前身	侧身	后身

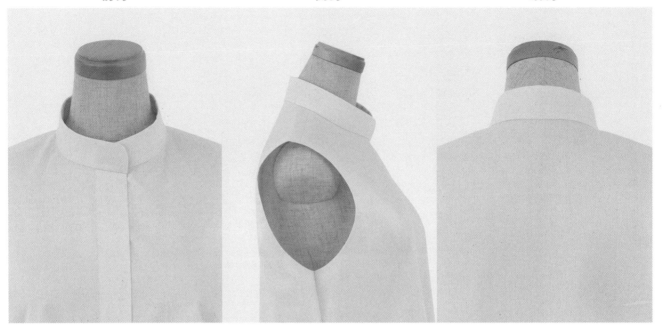

纸样

※缝份为 1 cm
※▒▒ 表示背面粘贴黏合衬

【A】立领①

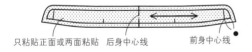

只粘贴正面或两面粘贴　后身中心线　前身中心线

【A】男衫 后身片　　　【A】男衫 前身片

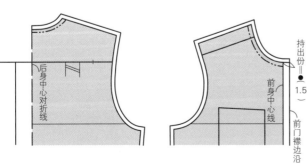

后身中心对折线

前身中心线

持出份＝●（1.5）

前门襟边沿

要点　**衣领的调整**

如果觉得领子有点高的话……

整体降低

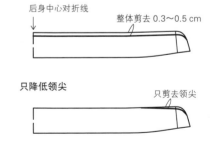

后身中心对折线

整体剪去 0.3～0.5 cm

只降低领尖

只剪去领尖

衣领的变化
立领❷

这是一款在前身中心线处对接的立领。
与 p.38 的领子相似，将领口稍微扩大一点。

前身　　　　　　　　　　侧身　　　　　　　　　　后身

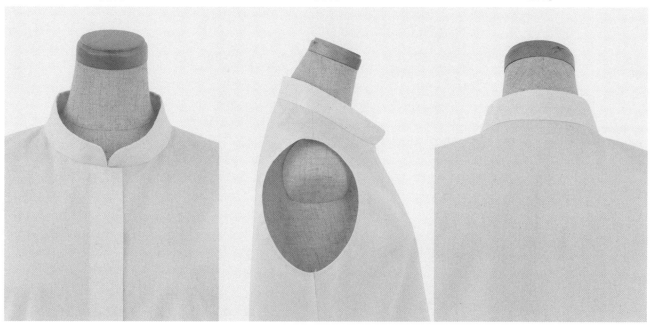

纸样

※缝份为 1 cm
※▨ 表示背面粘贴黏合衬

【A】立领❷

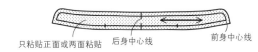

只粘贴正面或两面粘贴　后身中心线　　　前身中心线

【A】男衫 后身片　　　　　【A】男衫 前身片

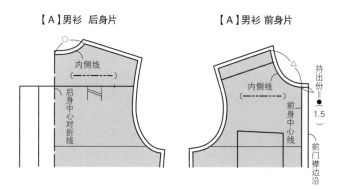

要点　领子的变化

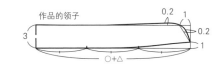

作品的领子
3　　　　　　　　　　　0.2　　1
　　　　　　　　　　　　　　　0.2
　　　　　　　　　　　　　　　1
○+△

直线型　　　　　　　　　　0.5
3
○+△

立起来

使弯曲度加大　　　　　　0.5
　　调整　　　　　　　　2.5
3　　　○+△　　　　　3
　　　　○+△

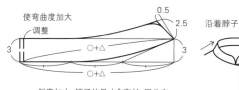

沿着脖子

斜度加大，领子的尺寸会变长，因此在
后身中心线处要调整领子的尺寸（○+△）

衣领的变化

翻领

这是一种在胸前打开的领子,也称之为开领。
这款衬衫不用打领带就可以穿着,代表性的衬衫有夏威夷衫。

前身	侧身	后身

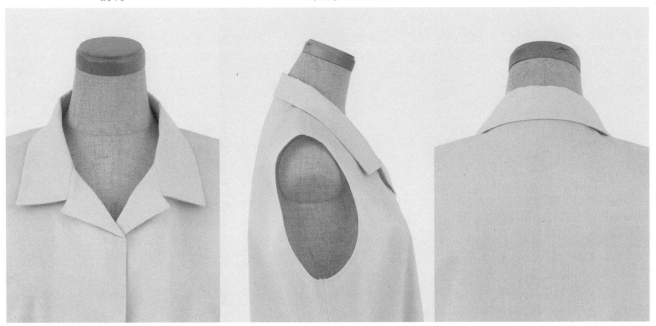

纸样

※○内的数字表示缝份,指定以外的缝份均为 1 cm
※▨表示背面粘贴黏合衬

【A】翻领

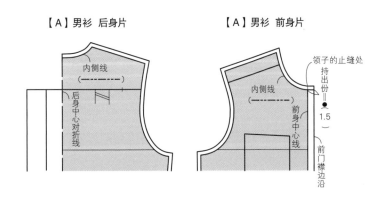

只粘贴正面或两面粘贴　后身中心线

【A】男衫 后身片　　　　【A】男衫 前身片

内侧线
(------)
后身中心对折线

内侧线
(------)
前身中心线

领子的止缝处
持出份=
(●
1.5)

前门襟边沿

要点　确定身片的翻折线

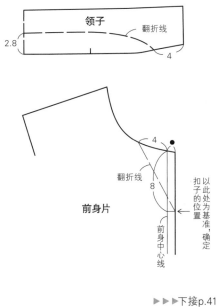

领子

翻折线

2.8

4

4

翻折线

8

前身片

以此处为基准,确定

扣子的位置

前身中心线

▶▶▶下接p.41

40

要点 制作贴边

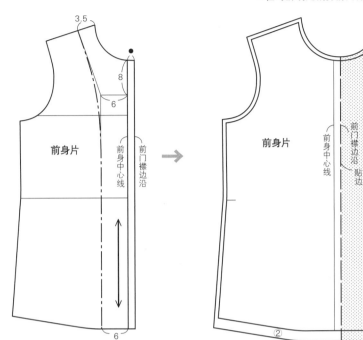

1.在对折线处裁剪前门襟边沿

2.另外裁剪贴边

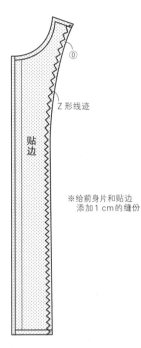

※给前身片和贴边
添加1cm的缝份

要点 将休闲款衬衫设计成翻领衬衫

领子的制图

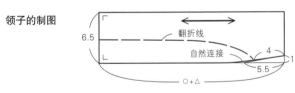

【B】休闲款衬衫 后身片

【B】休闲款衬衫 前身片

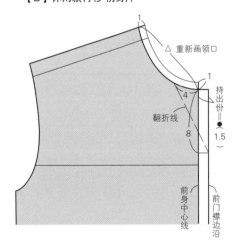

直角袖口（袖口：用袖衩条缝制开衩、打褶）

这是最为标准的单层袖口。
在袖子上打2个褶，用袖衩条缝制开衩。

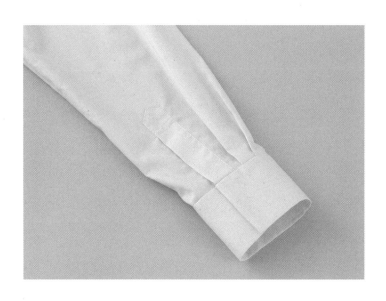

纸样

※缝份为 1 cm
※ :::: 表示背面粘贴黏合衬

【A】男衫 袖子

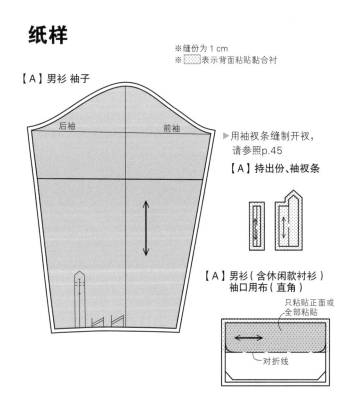

▶用袖衩条缝制开衩，
请参照p.45

【A】持出份、袖衩条

【A】男衫（含休闲款衬衫）
袖口用布（直角）

只粘贴正面或
全部粘贴

对折线

要点　打褶的方法

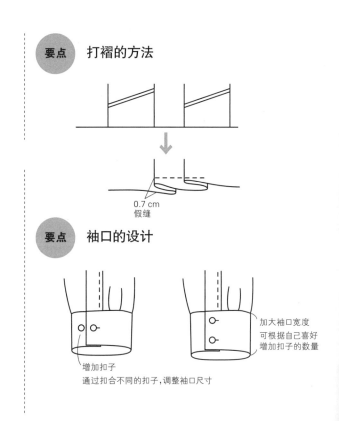

0.7 cm
假缝

要点　袖口的设计

增加扣子
通过扣合不同的扣子，调整袖口尺寸

加大袖口宽度
可根据自己喜好
增加扣子的数量

圆角袖口（袖口 : 包边开衩、抽褶）

将 p.42 袖口的角剪成弧形，打褶换成抽褶，
将用袖衩条缝制开衩变成滚边式袖衩条缝制开衩。

纸样

※缝份为 1 cm
※▨▨ 表示背面粘贴黏合衬

【A】男衫 袖子

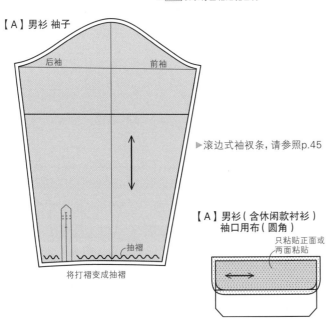

后袖　　　前袖

抽褶

将打褶变成抽褶

▶滚边式袖衩条，请参照p.45

【A】男衫（含休闲款衬衫）
袖口用布（圆角）

只粘贴正面或
两面粘贴

要点　袖口花纹的处理方法及形状设计

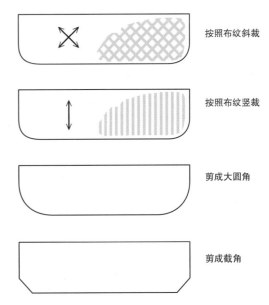

按照布纹斜裁

按照布纹竖裁

剪成大圆角

剪成截角

双层绅士截角袖口

（袖口：用袖衩条缝制开衩、打褶）

所谓双层，就是翻折过来的意思。
这是一款将袖口向上折叠的类型，上层袖口不缝扣子。典雅的衬衫多采用这种袖口。

纸样

※缝份为1 cm
※▨▨表示背面粘贴黏合衬

【A】男衫 袖子

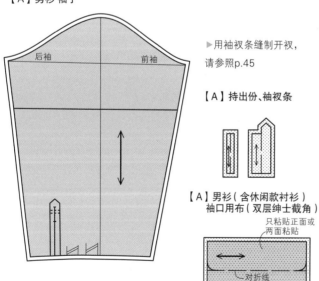

▶用袖衩条缝制开衩，
请参照p.45

【A】持出份、袖衩条

【A】男衫（含休闲款衬衫）
袖口用布（双层绅士截角）

只粘贴正面或
两面粘贴

←对折线

要点　双层绅士截角袖口和双层袖口的区别

双层绅士截角袖口

也叫米兰袖口
在翻折过来的袖口上，外侧不缝
扣子，用内侧的扣子固定

双层袖口

也叫法式袖口
将袖口翻折过来形成双层
用袖口上的扣子固定

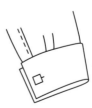

要点 袖衩条的缝制与安装方法

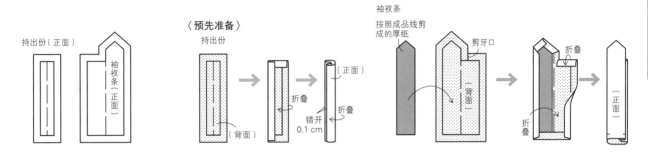

〈预先准备〉

〈缝纫方法〉

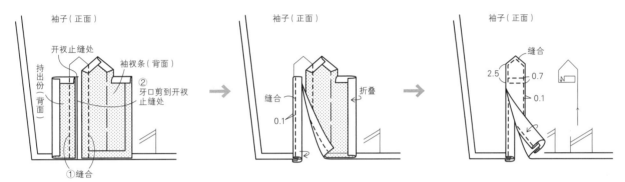

要点 滚边式袖衩条的制作方法

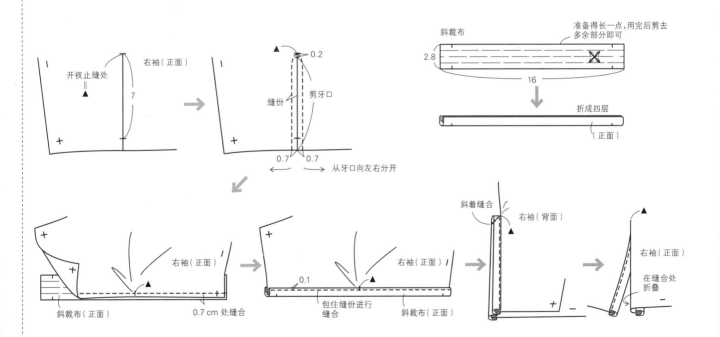

口袋（四边形·五边形）

口袋不仅仅有装饰的作用，也兼有实用性，但是并没有特别的规定。
设计成自己喜欢的形状，或者安装到容易使用的位置等，是可作为设计亮点之一的部件。

四边形

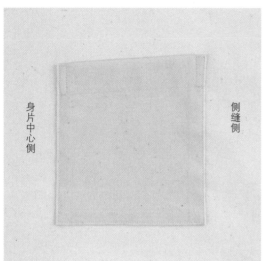

五边形

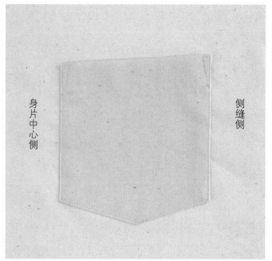

纸样

※○内的数字表示缝份，指定以外的缝份均为 1 cm

【A】男衫 前身片

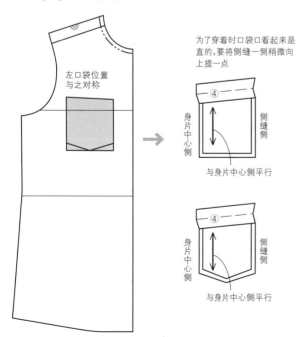

左口袋位置
与之对称

为了穿着时口袋口看起来是
直的，要将侧缝一侧稍微向
上提一点

④

身片中心侧　侧缝侧

与身片中心侧平行

④

身片中心侧　侧缝侧

与身片中心侧平行

要点 口袋形状的设计和
口袋口的缝制方法

口袋的形状

四边形

圆底角四边形
1

六边形
2
2

口袋上压缝明线

四边形

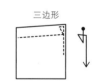
三边形

口袋口的缝制方法

（正面）　折叠口袋口　（正面）
0.9cm
缝合

翻过来

调整口袋口，
压缝明线
折叠
（背面）

46

纸样的修改方法

本书中虽然进行了7~15码的尺寸展示, 但是每个人的体形都不一样。
有的人想要稍微大一点的, 有的人想要小一点的, 所以在这里介绍几个可以简单修改纸样的方法。

衣长的修改

● 改变衣长-1

平行移动前后身片的原下摆线。加长时需要延长身片的中心线和侧缝线。

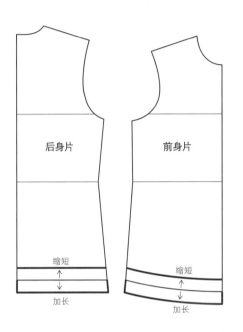

● 改变衣长-2

在胸围线和腰围线的中间附近画出引导线。与引导线平行着加长(或缩短), 重新画好侧缝线。

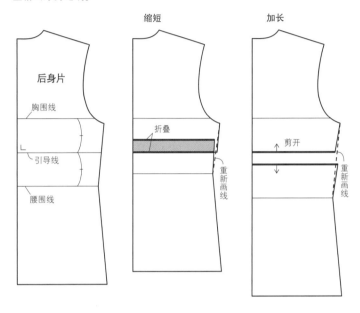

● 改变袖长-1

平行移动袖口线。加长时需要延长袖下线。当袖口变宽(或变窄)时, 需要注意袖口的尺寸变化。请不要忘记调整袖口用布的尺寸。

● 改变袖长-2

在袖宽线和袖口线中间附近画出引导线。与引导线平行着加长(或缩短), 重新画好袖下线。

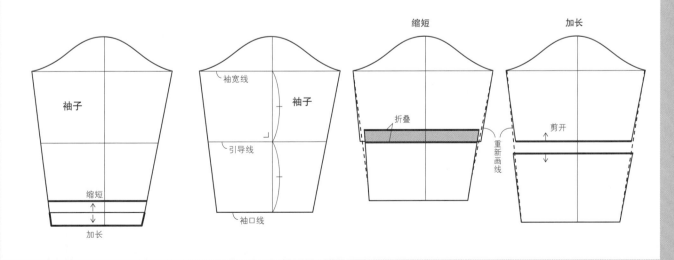

衣服宽度的修改

● 在侧缝处改变身片的宽度

身片：与前、后身片的侧缝平行加宽（或缩小）欲改变尺寸的1/4（★）。与身片的中心线垂直画出侧缝线的引导线（也有胸围线的情况），使侧缝线平行移动。为使前、后身片的侧缝线尺寸相同，需要调整下摆线。总共为4 cm（★=1 cm）。

袖子：从侧缝处修正身片的情况下，袖子也要修正与身片同样的尺寸。袖宽线要加宽（或缩小）欲改变尺寸的1/4（★），要朝向袖口重新画线。在袖口处调整至前后的袖下线具有同样的尺寸。

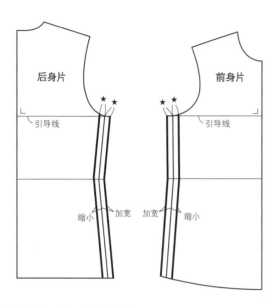
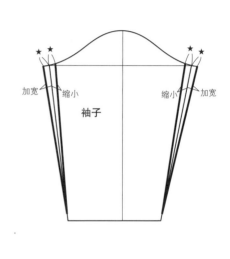

● 剪开身片改变身片的宽度

这是不想改变袖子宽度、只想改变身片宽度时的修改方法，身片宽度和肩部宽度同时加宽（或缩小）。在身片中间附近画出引导线，与引导线平行着加宽（或缩小）后，重新画好肩线和下摆线。

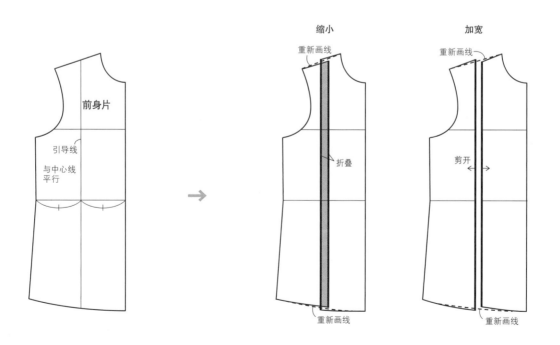

●改变袖子的宽度

这是不想改变身片宽度,只想改变袖子宽度时的修改方法。由于加宽(或缩小)了袖子的宽度,袖窿的尺寸也必须修改。
另外,因为袖口宽度的加宽(或缩小),也要注意调整袖口用布。

袖子:分别在前后袖宽线的中间画出引导线。与引导线
平行加宽(或缩小),重新画好袖山线和袖口线。

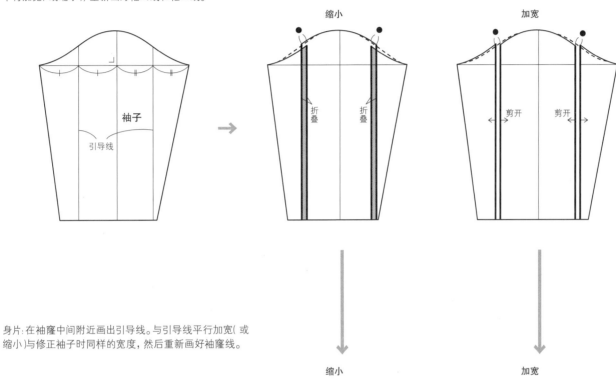

身片:在袖窿中间附近画出引导线。与引导线平行加宽(或
缩小)与修正袖子时同样的宽度,然后重新画好袖窿线。

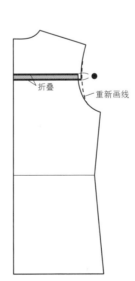

扣子和扣眼

必需的功能性的扣子，兼具装饰作用，也正是作品设计的亮点。

●扣眼与扣子的大小

扣子的直径（a）
+
扣子的厚度（b）

●扣子

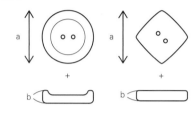

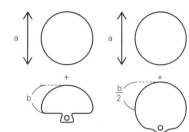

●确定扣眼和扣子的位置

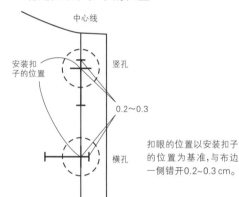

中心线

安装扣子的位置

竖孔

0.2~0.3

横孔

扣眼的位置以安装扣子的位置为基准，与布边一侧错开0.2~0.3 cm。

●安装扣子的位置

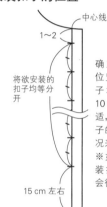

中心线

1~2

将欲安装的扣子均等分开

15 cm 左右

确定第一颗扣子的位置，将欲安装的扣子均等分开。间隔10 cm左右较为合适，但还需要根据扣子的大小和设计的情况来决定。
※如果根据胸围线安装扣子的话，前门襟会很服帖不容易张口

●领座（立领）和身片

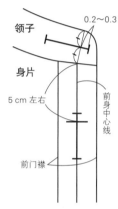

0.2~0.3

领子

身片

5 cm 左右

前身中心线

前门襟

将第一颗扣子放在领子前中心高度的中心处，扣子要与安装领子的线平行。因为领座上有扣子，所以身片上的第一颗扣子要放在离领座边缘5 cm左右的地方。

●袖口用布

下图中为袖口用布宽度2等分的位置。

1   1

0.2~0.3

选择扣眼方向的理由！

如果说起衬衫上的扣眼的话，一般都是纵向的，但是正式衬衫的最下方的扣眼应该是横向的。为什么呢？这样的话扣眼左右有宽裕，能够顺畅地完成站立或坐下等动作，且开闭容易。因为上下没有宽裕，也能够使衬衫上面扣子的位置更加稳定。领座上的扣眼为横向的，便于颈部活动，也增加了宽裕度。做成纵向扣眼的话，上下容易错开，翻领看起来不整齐。在哪里留有宽裕，哪里穿着的舒适度就有变化。因此，选择扣眼的方向是有理由的。考虑其功能性来决定扣眼的位置也是非常重要的一点。

●纽襻

固定扣子的方法，除了扣眼之外还有纽襻或包边扣眼等。
在这里介绍一下布制纽襻的制作方法。
※在需要多个布制纽襻的情况下，可以制作1根长的，然后根据需要裁剪，这样比较方便

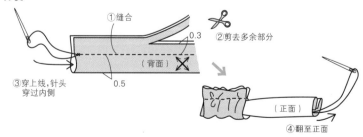

①缝合

②剪去多余部分

0.3

（背面）

③穿上线，针头穿过内侧

0.5

④翻至正面

（正面）

要点　粘贴黏合衬

在扣眼处粘贴黏合衬，以增强耐受力。如果制作扣眼不粘贴黏合衬的话，布料会皱缩变形，看起来不好看。

×不粘贴黏合衬的样子

○粘贴黏合衬的样子

扣眼的制作方法

1. 将缝纫机设定为缝扣眼状态，从欲制作扣眼的一端开始缝纫。

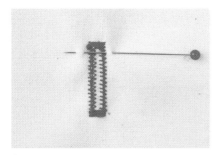

2. 扣眼缝好后，在一端插上大头针，用其代替挡板，以免剪过头。

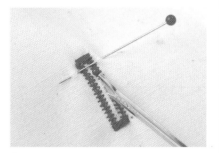

3. 从中间插入拆线刀剪开扣眼中间的布，与此同时要注意不能剪到缝纫线。另一侧也采取同样的方法剪开。

缝扣子的方法

● 双眼扣子
※ 四眼扣子也是同样的方法

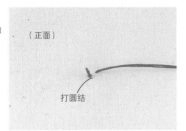

（正面）

打圆结

1. 在布料正面画出缝扣子的位置，先在布上缝一针。

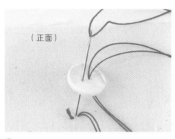

（正面）

2. 将缝纫线穿过扣子上的圆眼，再将针插入原来的位置。

3. 采取同样的方法将缝纫线穿到扣子上的圆眼里缝 2~3 次。这时要注意缝线不要拉得过紧。

4. 将针从扣子和布之间拔出。缠 2~3 圈，拉紧作为扣子的腿。

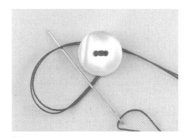

5. 做一个圈，将针穿进去拉紧缝线。

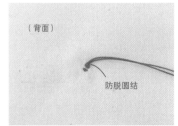

（背面）

防脱圆结

6. 针从背面拔出后，打一个防脱圆结，将打好的圆结拉入布中，剪断缝线。用这种方法从正面处理也可以。

● 带腿的扣子

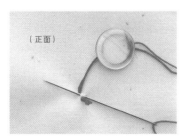

（正面）

1. 在布料正面画出缝扣子的位置，先从布上缝一针，再将线穿入扣子上的眼中，再次在布上挑一针。

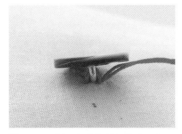

2. 采取同样的方法将缝纫线穿到扣腿上的眼中缝3次左右。

防脱圆结

3. 从扣子的根部拔出缝针，打一个防脱圆结。在旁边挑一小针，拉出缝线后剪断。

缝份的处理方法

缝份的处理方法有很多。需根据素材、方法和设计的不同来选择使用。

● **防脱缝纫**

在裁剪好的缝份上进行防脱线缝纫。

● **Z形线迹**

这是为了防止布边绽线而进行的一种缝纫方法。

※专用锁边机可以边裁剪边锁边

在布边稍微靠里一点的内侧锁缝

要点 薄面料或容易绽线的面料要用Z形线迹进行加固

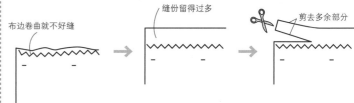

布边卷曲就不好缝　　缝份留得过多　　剪去多余部分

● **折一折**

这是将布边折叠一次进行缝纫的方法。用于厚布料的下摆或袖口等处。

（背面）

● **折两折**

这是将布边折叠两次进行缝纫的方法。布料不厚或不重的情况下使用。

（背面）

● **完整折两折**

这是将布边以同样的宽度折叠两次进行缝纫的方法。用于比较通透的布料或不想露出缝份长短的情况下。

（背面）

● **分开缝份**

首先将2片锁好边的布料缝合到一起，再打开缝份，并使之倒向两侧。

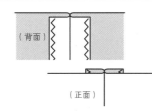

（背面）

（正面）

● **使缝份倒向一边**

这是将缝合好的布边倒向一侧的做法。将两层缝份缝合到一起后，用Z形线迹(或专用锁边机)处理布边。

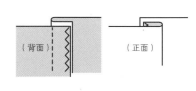

（背面）　　（正面）

● **包边缝**

这是一种接缝非常结实的缝纫方法。这种方法主要用于制作衬衫和儿童服装等洗涤次数较多的服装。将缝份隐藏起来，背面也显得整齐美观。

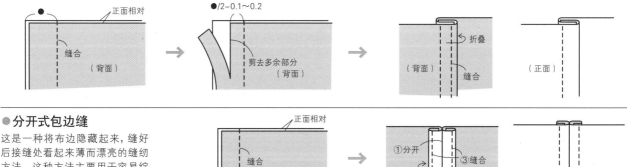

正面相对　　●/2-0.1～0.2

缝合　　（背面）

剪去多余部分（背面）

折叠（背面）　缝合　　（正面）

● **分开式包边缝**

这是一种将布边隐藏起来，缝好后接缝处看起来薄而漂亮的缝纫方法。这种方法主要用于容易绽线的布料。

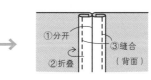

正面相对

缝合（背面）

①分开　③缝合

②折叠（背面）　　（正面）

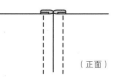

● **仿法式缝**

这种方法适合容易绽线的布料,也可以用于想使缝份变窄的情况。但是厚布料容易滚动不适合。

正面相对

外侧0.3 cm左右

成品线

缝合（正面）

用熨斗分开

（正面）

缝合成品线

（背面）

折叠

Blouse
女士衬衫

女士衬衫是作为一种可以单穿的上衣而诞生的。
作为适合女性穿着的宽松短上衣，其设计也是各种各样。
面料可以是棉、麻、丝绸、化纤等各种各样面料。

在 p.54组合表中，以基础身片为基础，
将与各种衣领、衣袖的组合一一列出。
第2行及以下的身片上的领子和领口可以从基础身片上誊画下来，
设计可扩展到很多种。

组合表

女士衬衫根据打褶和转换，身片的轮廓有很大的变化。除去一部分领口之外，身片、领子、袖子都可以进行组合，不过，要看整体的平衡来决定设计。纵向为身片，横向为领口、领子、袖子的变化。

基础身片+ 圆形领口 p.58+p.80	●领口 V形领口 p.81	船形领口 p.82	方形领口 p.83	●衣领 ※安衣领，必要时，前(后)身片开衩 平翻圆领 p.84	蝴蝶结领 p.85	百褶领 p.86	●长袖 袖口抽褶 p.56、64	袖山、袖口抽褶 p.64	灯笼袖 p.65	袖山打碎褶 p.66
胸围处加褶 p.59	○	○	○	○	○	○	○	○	○	○
腰围处加褶 p.60	○	○	○	○	○	○	○	○	○	○
腰部加装饰褶 p.61	○	○	○	○	○	△ ※虽然可以组合，但是不太搭配	○	○	○	○
过肩+碎褶 p.62	×	×	×	○	○	○	○	(图)	○	○
	※过肩线和前身片上有碎褶，所以结构上有点勉强									
方形过肩+碎褶 p.63	△ ※虽然可以组合，但是不太搭配	× ※过肩线上有碎褶，所以结构上有点勉强	○	○	○	○	(图)	(图)	○	○

54

喇叭形袖口 p.67	●七分袖 喇叭袖 p.68	松紧带边袖口 p.69	蝴蝶结袖口 p.70	●半袖 碎褶袖口 p.72	泡泡袖 p.73	袖口打褶 p.74	袖山打褶+袖口贴边 p.75	●超短袖 抽褶袖 p.77	喇叭袖 p.78	包肩袖 p.79
○	○	○	○	○	○	○	○	○	○	○
○	○	○	○	○	○	○	○	○	○	○
(插图)	○	○	○	○	○	(插图)	○	○	(插图)	(插图)
○	○	(插图)	○	(插图)	○	○	○	○	○	○
○	○	○	○	○	○	○	(插图)	(插图)	○	○

基础款（长袖）

这是一款前身片不打褶的基础款衬衫。搭配平翻圆领。
其后身片可以通用于所有作品。这款身片可有效应用于各种设计。

前身　　　　　　　　　　　侧身　　　　　　　　　　　后身

纸样

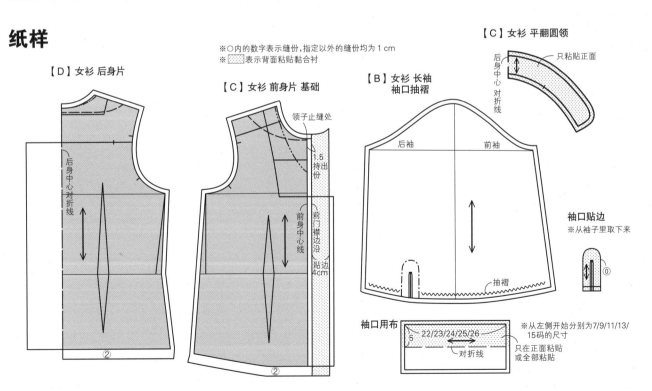

※〇内的数字表示缝份，指定以外的缝份均为 1 cm
※ ▨ 表示背面粘贴黏合衬

【D】女衫 后身片

后身中心对折线
②

【C】女衫 前身片 基础

领子止缝处
1.5 持出份
前身中心线
前门襟边沿 贴边 4cm
②

【B】女衫 长袖
袖口抽褶

后袖　　前袖

抽褶

袖口贴边
※从袖子里取下来
〇

【C】女衫 平翻圆领

只粘贴正面
后身中心对折线

袖口用布

5　22/23/24/25/26
对折线

※从左侧开始分别为7/9/11/13/
15码的尺寸
只在正面粘贴
或全部粘贴

56

基础款（半袖）

与基础款女衬衫（长袖）的后身片和领子通用，将袖子做成半袖，前身片胸围处打褶。

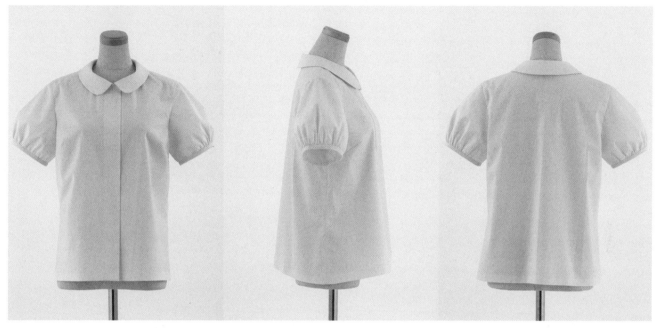

前身　　　　　　　　側身　　　　　　　　后身

纸样

※○内的数字表示缝份，指定以外的缝份均为 1 cm
※ ▧ 表示背面粘贴黏合衬
※后身片和圆领与 p.56 的通用

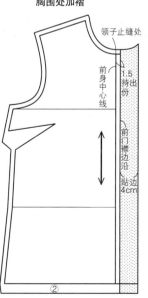

【C】女衫 前身片
胸围处加褶

领子止缝处

前身中心线

1.5 持出份

前门襟边沿

贴边4cm

②

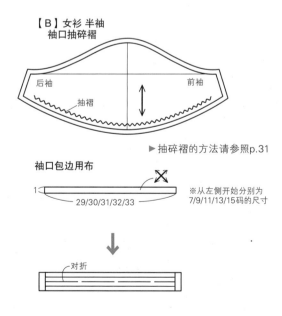

【B】女衫 半袖
袖口抽碎褶

后袖　　　　前袖

抽褶

▶抽碎褶的方法请参照p.31

袖口包边用布

1　　29/30/31/32/33

※从左侧开始分别为
7/9/11/13/15码的尺寸

对折

要点　关于袖口包边用布

折三折后熨出折痕

（正面）

缝合　　（背面）

对折线与袖口对齐

分开　　（背面）　（正面）

当缝份重合在一起的时候

斜着连接

57

身片的变化
基础身片

这是最标准的直筒型样板。
因为已经有了适当的宽松度，所以可以直接搭配其他部件。

前身 　　　　　　　　　　　侧身

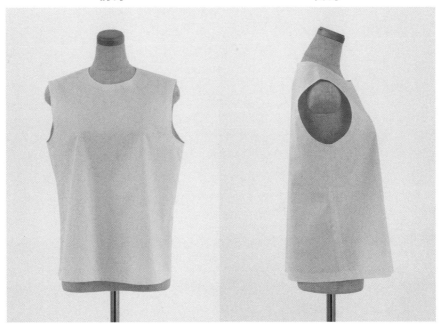

纸样

※○内的数字表示缝份，指定以外的缝份均为 1 cm

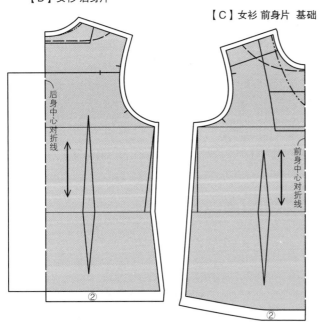

【D】女衫 后身片

后身中心对折线

②

【C】女衫 前身片 基础

前身中心对折线

②

要点 　关于下摆的处理

折一折

压缝明线的话，外观看起来很休闲

（背面）　2　0.5

（正面）

因为从正面看不见缝纫的针脚，所以建议用于雅致的设计

（背面）　2 锁针缝

（正面）

折两折

（背面）　1　0.2　1
（正面）

※缝份的宽度按照缝纫方法进行调整

58

身片的变化

胸围处加褶

前身片胸围处打褶,可以使乳点突出,从侧身视角可以很清晰地看到线条的轮廓。

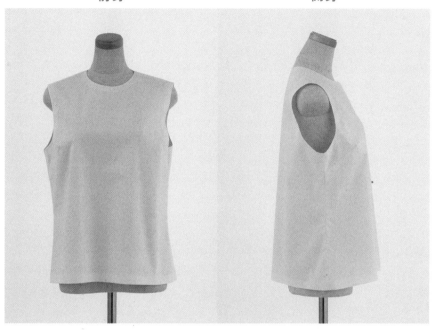

前身　　　　　　　　侧身

纸样

※○内的数字表示缝份,指定以外的缝份均为 1 cm
※后身片与 p.56 的通用

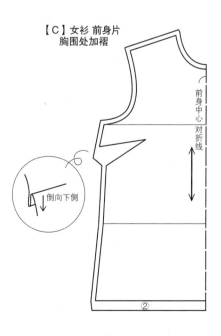

【C】女衫 前身片
胸围处加褶

前身中心对折线

倒向下侧

②

要点　　褶子的缝制方法

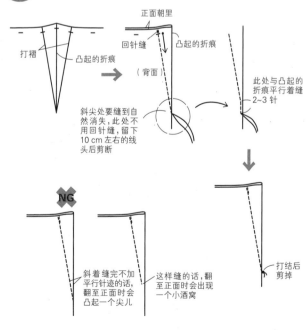

正面朝里

打褶　　凸起的折痕

回针缝　　凸起的折痕

(背面)

此处与凸起的折痕平行着缝 2~3 针

斜尖处要缝到自然消失,此处不用回针缝,留下 10 cm 左右的线头后剪断

打结后剪掉

NG

斜着缝完不加平行针迹的话,翻至正面时会凸起一个尖儿

这样缝的话,翻至正面时会出现一个小酒窝

▶褶子的倒向请参照p.60

腰围处加褶

前后腰围处都打了褶子。
腰围变细，比p.58基础身片的轮廓显得更加瘦长。

前身	侧身	后身

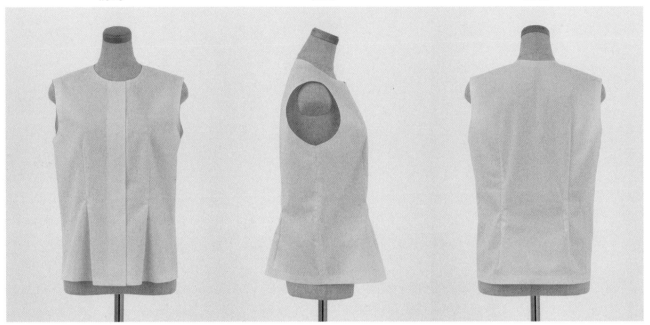

纸样

※○内的数字表示缝份，指定以外的缝份均为1cm
※▒▒▒表示背面粘贴黏合衬

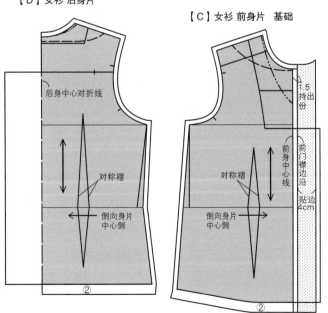

【D】女衫 后身片

后身中心对折线

对称褶

倒向身片
中心侧

②

【C】女衫 前身片 基础

1.5持出份

前身中心线

前门襟边沿
贴边4cm

对称褶

倒向身片
中心侧

②

要点 对称褶的倒向

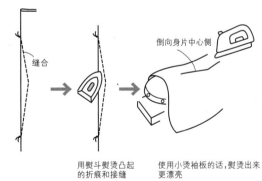

缝合

倒向身片中心侧

用熨斗熨烫凸起
的折痕和接缝

使用小烫袖板的话，熨烫出来
更漂亮

▶褶子的缝制方法请参照p.59

身片的变化

腰部加装饰褶

在基础身片的腰围处加以改变,设计了稍微带点喇叭形的腰部装饰褶。
虽然是一种收扎腰围的设计,但也要留有空间。

 前身   侧身   后身

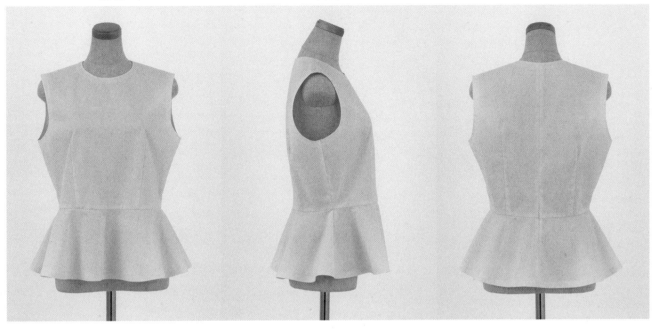

纸样

※缝份为 1 cm
※后身中心线和腰部装饰褶的缝份根据做法适当添加

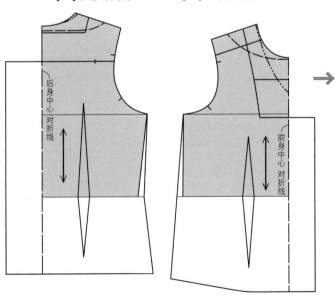

【D】女衫 后身片   【C】女衫 前身片 基础

后身中心对折线

前身中心对折线

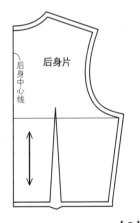

后身片

后身中心线

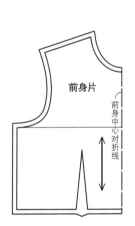

前身片

前身中心对折线

【C】女衫 腰部装饰褶

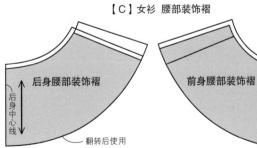

后身腰部装饰褶

后身中心线

翻转后使用

前身腰部装饰褶

前身中心对折线

过肩+碎褶

这是一款在p.58的基础身片上加入过肩的设计。前、后身片上均抽碎褶。

前身	侧身	后身

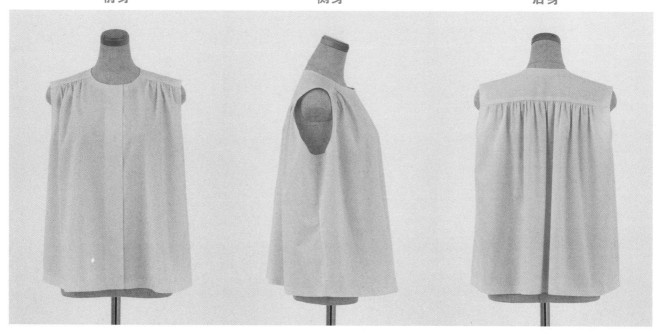

纸样

※○内的数字表示缝份,指定以外的缝份均为1 cm
※ ▒▒ 表示背面粘贴黏合衬

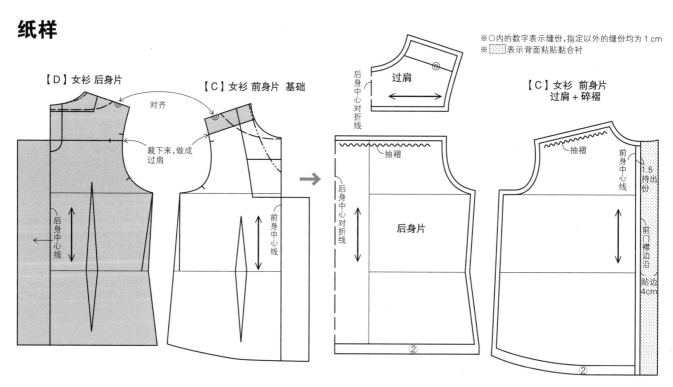

【D】女衫 后身片　　　对齐　　　【C】女衫 前身片 基础　　过肩

裁下来,做成过肩

后身中心线

后身中心对折线

前身中心线

后身片

后身中心对折线

抽褶

后身片

②

【C】女衫 前身片 过肩+碎褶

抽褶

前身中心线

1.5 持出份

前门襟边沿

贴边4cm

②

②

身片的变化
方形过肩 + 碎褶
改变 p.58 的前身片。加入过肩，在身片前面的中心部分抽碎褶。

前身 　　　　　　　　　侧身

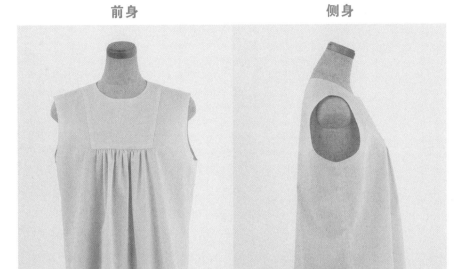

纸样

※○内的数字表示缝份，指定以外的缝份均为 1 cm

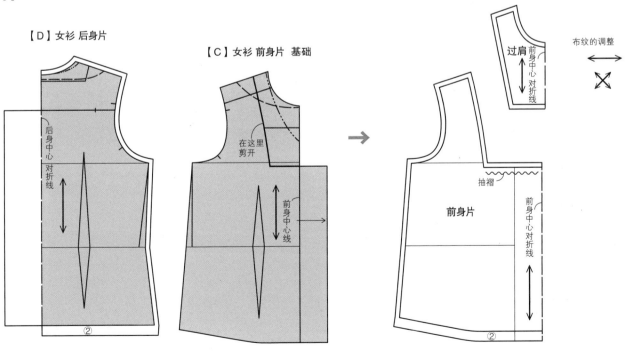

【D】女衫 后身片

【C】女衫 前身片 基础

后身中心对折线

在这里剪开

前身中心线

过肩

前身中心对折线

布纹的调整

抽褶

前身片

前身中心对折线

②　　　　　　　　　②

袖口抽褶 / 袖山、袖口抽褶

左边一款是在 p.56 的衣袖基础上只在袖口抽褶。
右边一款是在袖山上也抽褶的设计，袖口抽褶更多一些。

前身	侧身	后身	前身	侧身	后身

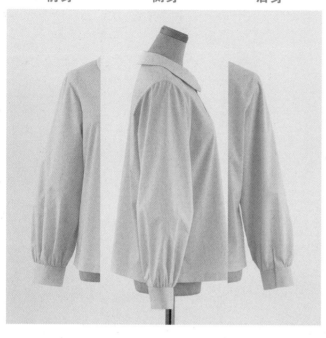

纸样

※○内的数字表示缝份，指定以外的缝份均为 1 cm
※▨▨▨ 表示背面粘贴黏合衬
※袖口用布、袖口贴边用布通用

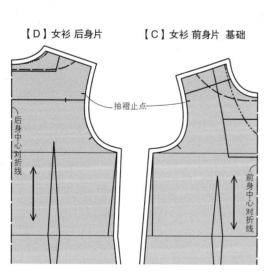

【D】女衫 后身片

【C】女衫 前身片 基础

抽褶止点

后身中心对折线

前身中心对折线

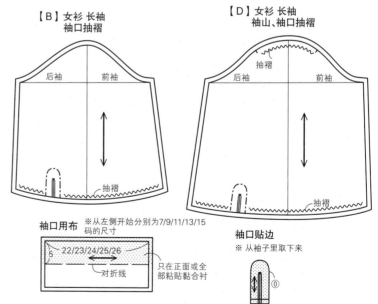

【B】女衫 长袖
袖口抽褶

后袖　前袖

抽褶

【D】女衫 长袖
袖山、袖口抽褶

抽褶

后袖　前袖

抽褶

袖口用布　※从左侧开始分别为7/9/11/13/15
码的尺寸

5　22/23/24/25/26
对折线
只在正面或全部粘贴黏合衬

袖口贴边
※从袖子里取下来

袖子的变化・长袖
灯笼袖

这是一款袖口抽了很多褶子的灯笼袖。要想做出很多漂亮褶子的话，薄布料比较适合。

前身	侧身	后身

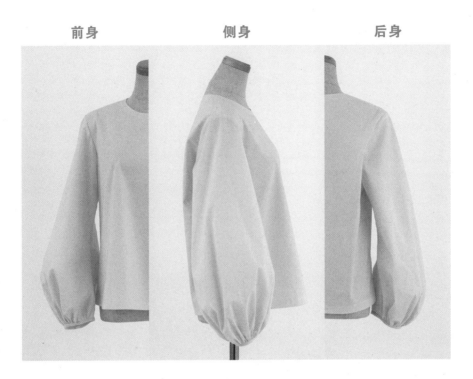

纸样

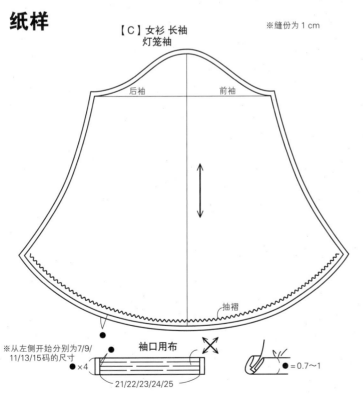

【C】女衫 长袖
灯笼袖

※缝份为 1 cm

后袖　　前袖

抽褶

袖口用布

※从左侧开始分别为7/9/
11/13/15码的尺寸

×4

21/22/23/24/25

● = 0.7~1

要点　关于袖口
让灯笼袖看起来更加蓬松鼓起的要点

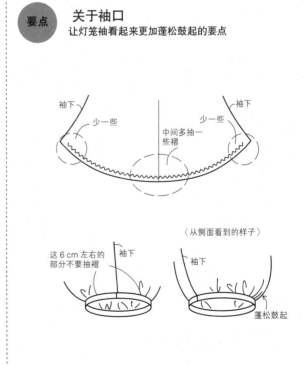

袖下　　　　　　　　袖下

少一些　　　　　　少一些

中间多抽一
些褶

〈从侧面看到的样子〉

这6 cm 左右的
部分不要抽褶

袖下

袖下

蓬松鼓起

袖山打碎褶

这是一款袖山打褶的直筒袖。
袖山的褶子蓬松鼓起,给人一种柔和的印象,是一款适合高雅衬衫的设计。

前身	侧身	后身

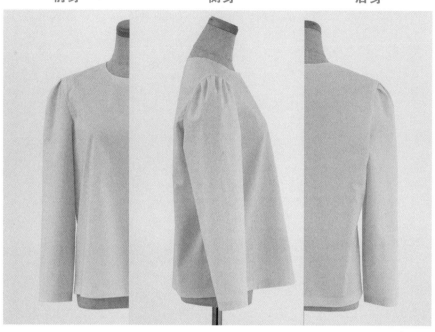

纸样

※○内的数字表示缝份,指定以外的缝份均为 1 cm

【D】女衫 长袖
袖山打褶

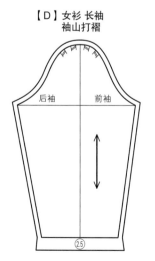

要点 褶子的叠法

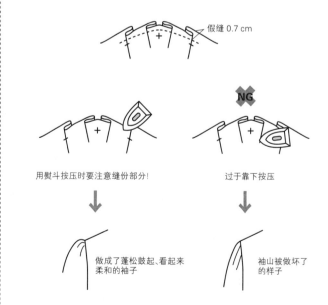

假缝 0.7 cm

用熨斗按压时要注意缝份部分!

过于靠下按压

做成了蓬松鼓起、看起来
柔和的袖子

袖山被做坏了
的样子

袖子的变化·长袖
喇叭形袖口

换掉直筒袖的袖口，搭配展开为圆形的喇叭形袖口。
使用柔软的布料更能凸显出喇叭的形状。

前身	侧身	后身

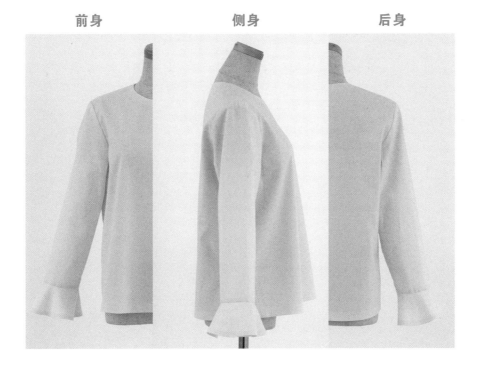

纸样

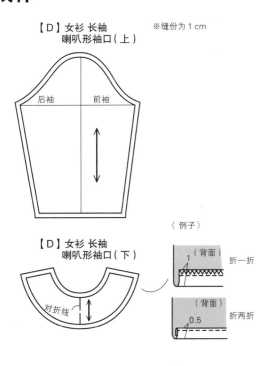

【D】女衫 长袖
喇叭形袖口（上）

※缝份为 1 cm

后袖　前袖

【D】女衫 长袖
喇叭形袖口（下）

对折线

〈例子〉

（背面）
1
折一折

（背面）
0.5
折两折

要点 喇叭形袖口上布纹和花纹的表现方法

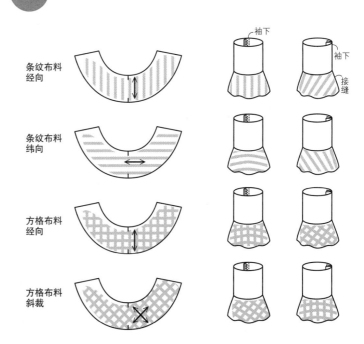

条纹布料
经向

条纹布料
纬向

方格布料
经向

方格布料
斜裁

袖下

袖下
接缝

喇叭袖

袖口宽宽大大的、展开成喇叭形的袖子,很飘逸。
如果要展现喇叭形效果,建议使用悬垂性好的布料。

前身	侧身	后身

纸样

※缝份为 1 cm

【D】女衫 七分袖

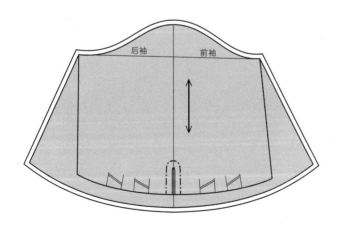

要点 ## 袖口的缝份

因为袖口有弧度,建议缝份用得少一点

薄面料及普通面料

折一折	折两折
(背面) 1	(背面) 0.5

厚面料

压缝明线	不压缝明线
(背面) 缝合 0.5 ⌐ 1 斜裁布条	(背面) 缝合 0.5 ⌐ 1 斜裁布条

没有缝份的处理方法

对于不容易绽线的布料和有特点的布料,以这种发挥布料本身特点
的方法来处理吧!

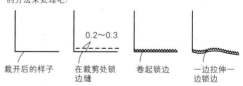

裁开后的样子 · 在裁剪处锁 0.2~0.3 边缝 · 卷起锁边 · 一边拉伸一 边锁边

松紧带边袖口

与 p.68 的喇叭袖款式一样,只不过在袖口穿入了松紧带。
即使同样的款型,由于做法不同,给人的印象也不同。

前身	侧身	后身

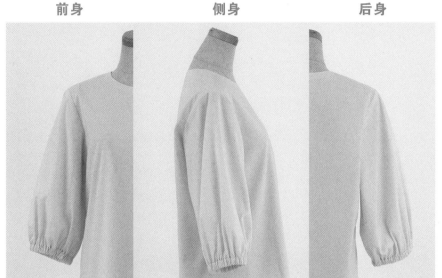

纸样

※袖口以外的缝份为 1 cm

【D】女衫 七分袖

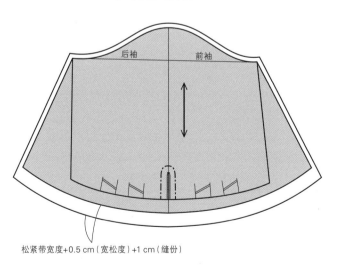

松紧带宽度+0.5 cm(宽松度)+1 cm(缝份)

要点 **袖子的制作方法**

※使用 1.5 cm 宽的松紧带时

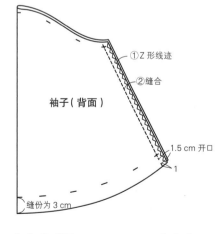

袖子(背面)

①Z 形线迹
②缝合

1.5 cm 开口
1

缝份为 3 cm

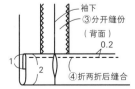

袖下
③分开缝份
(背面)
0.2
1
2
④折两折后缝合

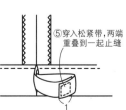

⑤穿入松紧带,两端
重叠到一起止缝
1

蝴蝶结袖口

袖山与p.68、69的通用,袖子的整体分量少了一些。
这是一款将袖口换成袖口用布,再安上特制的蝴蝶结的设计。

前身	侧身	后身

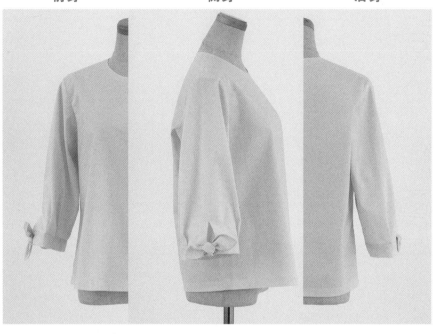

纸样

※○内的数字表示缝份,指定以外的缝份均为1 cm
※▨ 表示背面粘贴黏合衬

【要点】 **袖子的做法**

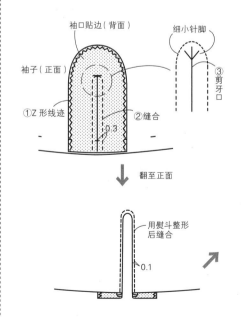

①Z形线迹　②缝合
袖口贴边(背面)
袖子(正面)
细小针脚
③剪牙口
0.3

翻至正面

用熨斗整形后缝合
0.1

▶▶▶后接p.71的下半部分

【D】女衫 七分袖

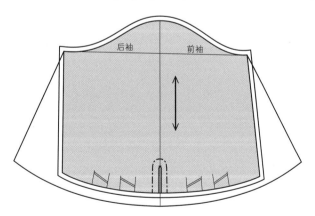

后袖　前袖

袖口用布 ※从左侧开始分别为7/9/11/13/15码的尺寸

3　29.5/31.5/33.5/35.5/37
对折线
只在正面或全部粘贴黏合衬

【D】女衫 七分袖
袖口蝴蝶结用布

上
下

袖口贴边
※ 从袖子里取下来

要点 袖口的设计

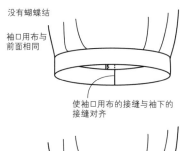

用细带子做蝴蝶结	缝上扣子	不开口

代替袖口用布,将
细带子折三折后,
包裹袖口

不用蝴蝶结的话,就要缝上袖口用布

没有蝴蝶结

袖口用布与
前面相同

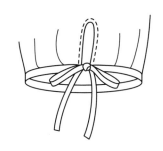

1
20～25

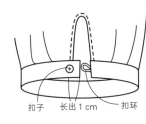

扣子　长出 1 cm　扣环

使袖口用布的接缝与袖下的
接缝对齐

使用较窄的
袖口用布

1.5

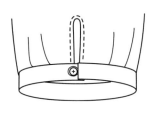

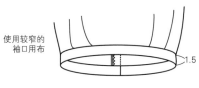

使用较宽的
袖口用布

5

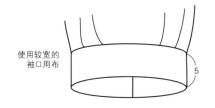

▶▶▶上接p.70

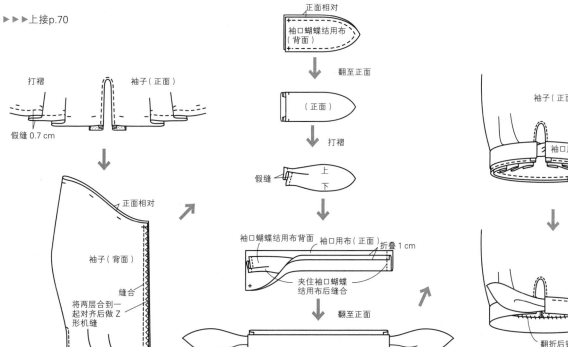

打褶　　　袖子(正面)

假缝 0.7 cm

正面相对
袖口蝴蝶结用布
(背面)

翻至正面

(正面)

打褶

假缝　上
　　　下

正面相对

袖子(背面)

缝合

将两层合到一
起对齐后做 Z
形机缝

袖口蝴蝶结用布背面　袖口用布(正面)　折叠 1 cm

夹住袖口蝴蝶
结用布后缝合

翻至正面

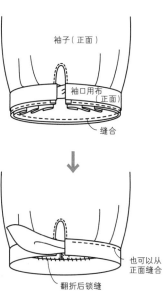

袖子(正面)

袖口用布
(正面)

缝合

也可以从
正面缝合

翻折后锁缝

袖子的变化·半袖
碎褶袖口

这是一款袖口抽褶的灯笼袖。
这种蓬松鼓起的可爱袖子，也被称为提灯袖。

前身	侧身	后身

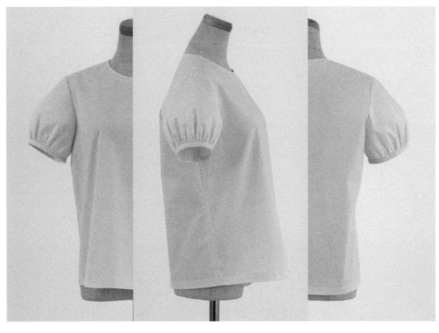

纸样

※缝份为 1 cm

【B】女衫 半袖 袖口抽碎褶

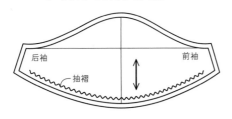

后袖　　　　前袖

抽褶

袖口用布

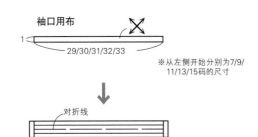

1

29/30/31/32/33

※从左侧开始分别为7/9/
11/13/15码的尺寸

对折线

要点　**袖口抽褶的方法**

虽然均匀抽褶也可以，但是要使灯笼袖看起来
更加鼓胀，袖下3 cm左右的长度不能抽褶

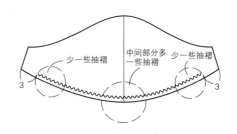

少一些抽褶　中间部分多
一些抽褶　少一些抽褶

3　　　　　　　　　　　　　3

根据布料的不同

使用斜裁布
做成的样子

使用悬垂性好的布
料做成的样子

袖子的变化·半袖

泡泡袖

这是一款袖子上下都抽褶的设计。
与p.72的袖子相比抽褶的分量更多，这种设计主要用于薄的面料。

前身　　　　　側身　　　　　后身

纸样

※缝份为1cm

【B】女衫 半袖 袖口、袖山抽褶

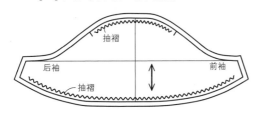

抽褶

后袖　　　　　　前袖

抽褶

袖口用布

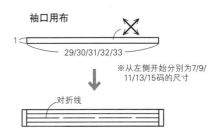

1

29/30/31/32/33

※从左侧开始分别为7/9/
11/13/15码的尺寸

对折线

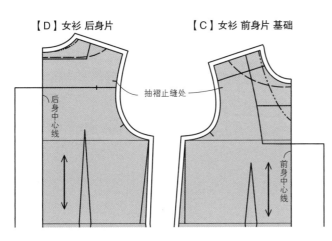

【D】女衫 后身片　　　【C】女衫 前身片 基础

后身中心线

抽褶止缝处

前身中心线

袖口打褶

袖口中间部分打褶，为了使褶子更加稳定，可以在中间止缝一下。
改变褶子的方向也可成为不同的设计。

| 前身 | 侧身 | 后身 |

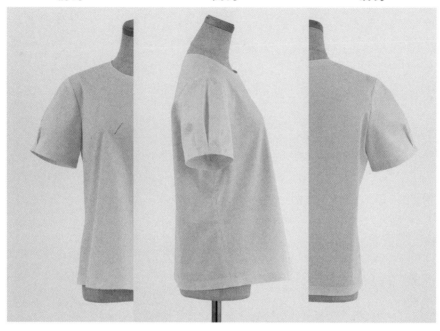

纸样

※○内的数字表示缝份，指定以外的缝份均为 1 cm

【B】女衫 半袖 袖口打褶

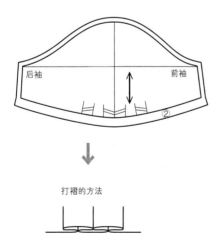

打褶的方法

要点 袖口的处理方法

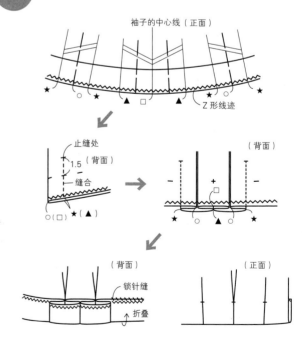

袖子的中心线（正面）

Z 形线迹

止缝处
1.5
（背面）
缝合
○（□）★（▲）

（背面）

（背面）
锁针缝
折叠

（正面）

袖子的变化·半袖

袖山打褶 + 袖口贴边

这是一款袖口加贴边的轮廓鲜明的设计。
也可以将袖山上的褶子设计成碎褶。

前身　　　　　　侧身　　　　　　后身

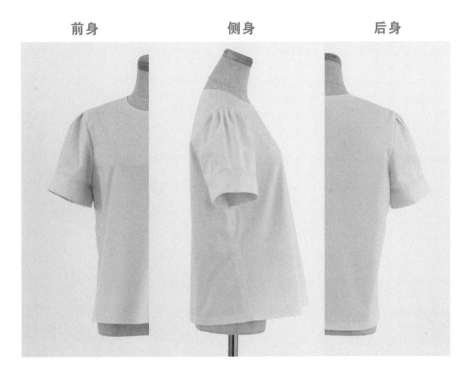

纸样

※缝份为 1 cm
※ 表示背面粘贴黏合衬

【B】女衫 半袖 袖山打褶 + 袖口贴边

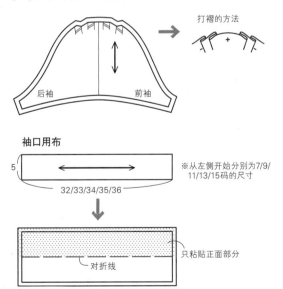

打褶的方法

后袖　　　前袖

袖口用布

5

32/33/34/35/36

※从左侧开始分别为7/9/
11/13/15码的尺寸

对折线

只粘贴正面部分

要点　袖口用布的安装方法

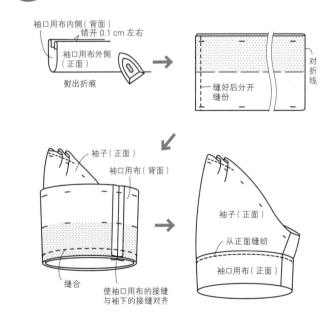

袖口用布内侧（背面）
错开 0.1 cm 左右
袖口用布外侧
（正面）
熨出折痕

缝好后分开
缝份

对折线

袖子（正面）
袖口用布（背面）

缝合

使袖口用布的接缝
与袖下的接缝对齐

袖子（正面）
从正面缝纫
袖口用布（正面）

袖子的变化
无袖

p.58基础身片上的袖窿开得不是太大,所以可以作为无袖衬衫穿着。
其他款式身片的变化也可采取同样的方法。

前身	侧身	后身

纸样

※○内的数字表示缝份,指定以外的缝份均为 1 cm
※ ▨ 表示背面粘贴黏合衬

【D】女衫 后身片

【C】女衫 前身片 基础

后袖窿贴边   前袖窿贴边

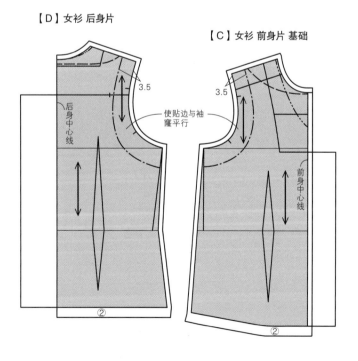

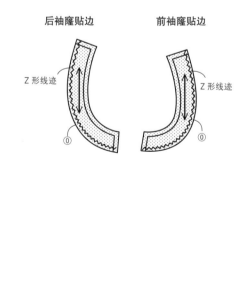

3.5

3.5

使贴边与袖窿平行

后身中心线

前身中心线

Z 形线迹

Z 形线迹

②

②

袖子的变化·超短袖

抽褶袖

在 p.58 的基础身片上添加抽褶的袖子。
超短袖比半袖更短，是一款遮盖一点点肩头的袖子。

| 前身 | 侧身 | 后身 |

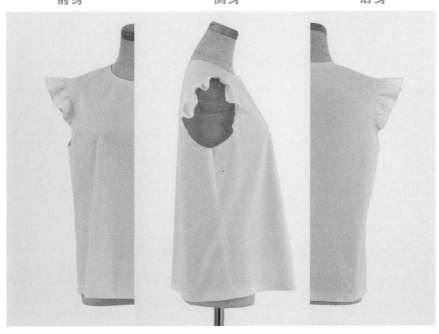

纸样

※缝份为 1 cm

【A】女衫 超短袖 抽褶袖

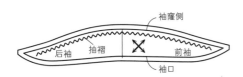

袖窿侧

后袖　抽褶　　　前袖

袖口

【D】女衫 后身片

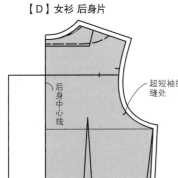

后身中心线

【C】女衫 前身片 基础

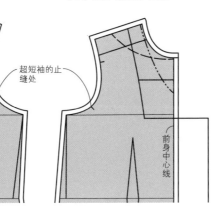

超短袖的止缝处

前身中心线

要点　袖子的安装方法

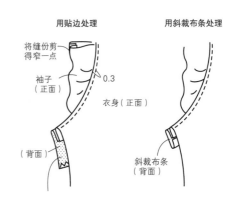

用贴边处理　　　　　用斜裁布条处理

将缝份剪得窄一点

袖子（正面）　　0.3

衣身（正面）

（背面）

（背面）　　斜裁布条（背面）

▶袖窿贴边的做法请参照p.76

喇叭袖

看起来像是将肩部延长了的袖子。因为使用了斜裁布，所以跟胳膊很服帖。

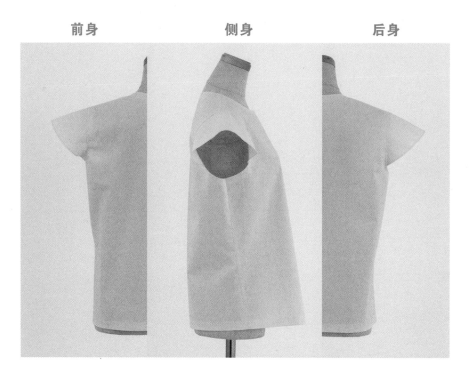

前身　　　　　　侧身　　　　　　后身

纸样

※缝份为 1 cm

【A】女衫 超短袖 喇叭袖

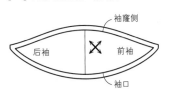

袖隆侧

后袖　　X　　前袖

袖口

【D】女衫 后身片　　　　　【C】女衫 前身片 基础

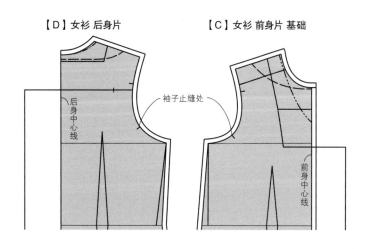

后身中心线

袖子止缝处

前身中心线

要点　袖口的处理方法

折一折

袖子（背面）

Z 形线迹　　1

折叠

剪去多余部分

折叠后用熨斗定型

袖子（背面）

缝合

0.7

折两折

袖子（背面）

0.5

袖子的变化·超短袖
包肩袖

这是一款把肩膀包进去的设计，也具有不经意地遮住胳膊和肩膀的效果。

前身	侧身	后身

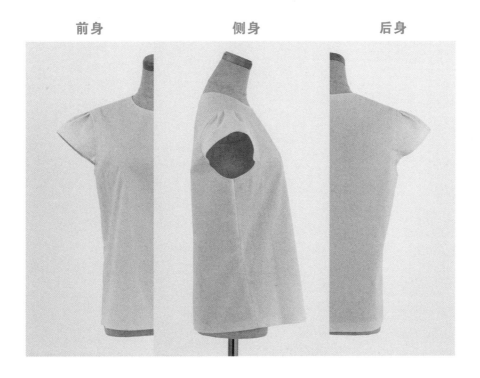

纸样

※○内的数字表示缝份，指定以外的缝份均为 1 cm
※身片与 p.78 的通用

【A】女衫 超短袖 包肩袖

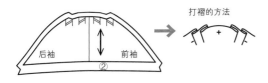

打褶的方法

要点 袖子的安装方法

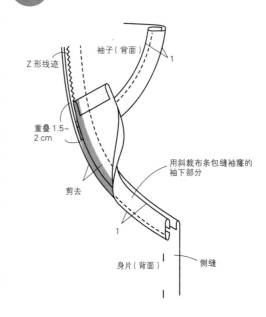

领口的变化
圆形领口

这是一种最基本的领口。这种领口也能用于安领子的设计。
因为领口较小，所以需要开衩。

纸样

※○内的数字表示缝份，指定以外的缝份均为 1 cm
※ ▨▨▨ 表示背面粘贴黏合衬

【D】女衫 后身片　　【C】女衫 前身片 基础

后身中心线

前身中心线

↓

后身中心线对折线

4

使贴边与领口平行

后身片

4

前身中心对折线

前身片

前身中心对折线

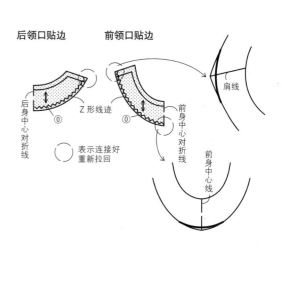

后领口贴边　　前领口贴边

后身中心对折线

Z 形线迹

○

前身中心对折线

○

表示连接好重新拉回

肩线

前身中心线

前身中心线

领口的变化
V 形领口

这是一款将 p.80 的领口剪成 V 形的设计。
将两颈肩点之间稍微加宽一点点。

纸样

※〇内的数字表示缝份,指定以外的缝份均为 1 cm
※ ▨▨▨ 表示背面粘贴黏合衬

【D】女衫 后身片　　　　　【C】女衫 前身片 基础

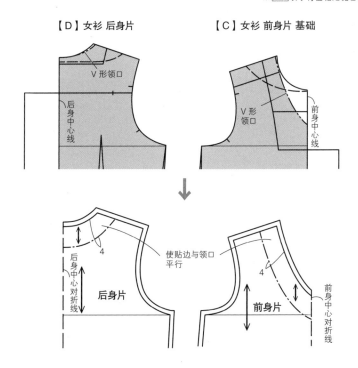

后领口贴边　　前领口贴边

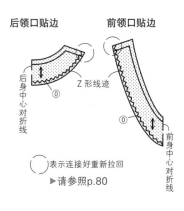

○ 表示连接好重新拉回

▶请参照p.80

船形领口

这是一款大幅度外扩颈肩点位置,使领口横向又长又浅的设计。
它具有使脖颈看起来很漂亮的效果。

纸样

※〇内的数字表示缝份,指定以外的缝份均为1 cm
※▨▨表示背面粘贴黏合衬

【D】女衫 后身片　　【C】女衫 前身片 基础

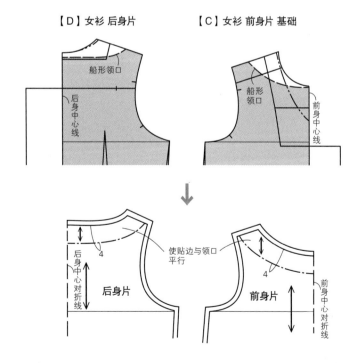

使贴边与领口平行

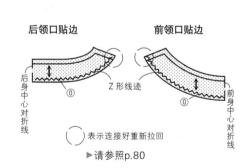

后领口贴边　　　前领口贴边

Z形线迹

〇　表示连接好重新拉回

▶请参照p.80

领口的变化
方形领口

这款领口有着剪成了四方形的领围线。
领口方形的轮廓,更能衬托脸部的线条。

纸样

※○内的数字表示缝份,指定以外的缝份均为1cm
※ ▨▨▨ 表示背面粘贴黏合衬

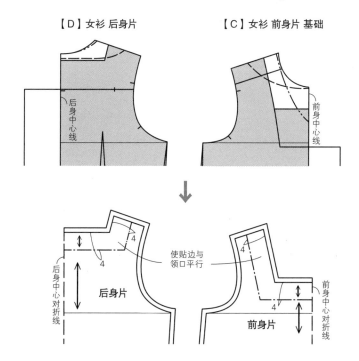

【D】女衫 后身片　　　　【C】女衫 前身片 基础

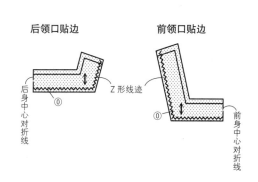

后领口贴边　　　前领口贴边

平翻圆领

这是安装在 p.56 基础款衬衫上的圆领。
也可以改变领尖的形状和领子的宽度等。

前身	侧身	后身

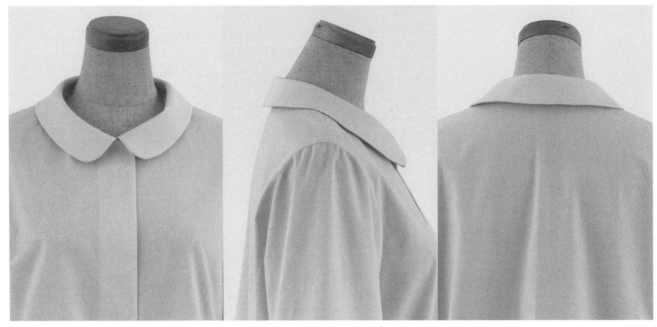

纸样

※〇内的数字表示缝份,指定以外的缝份均为 1 cm
※▨▨表示背面粘贴黏合衬

【C】女衫 平翻圆领

只粘贴表布

后身中心对折线

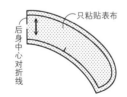

【D】女衫 后身片

后身中心对折线

【C】女衫 前身片 基础

领子止缝处

1.5
持出份

前身中心线

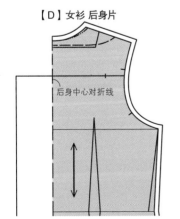
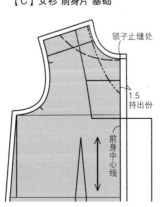

要点 领子的制作方法

将领尖做成方形

后身中心线

给人干练的印象

使领尖缓慢弯曲

1

给人可爱的印象

将领子整体加大

0.7

给人童稚的印象

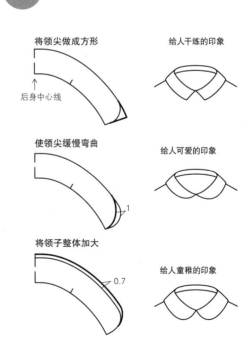

衣领的变化
蝴蝶结领

将细长的带子安到领口上,再把两头系在一起系成蝴蝶结。
带子的宽度和长度可随意设计。

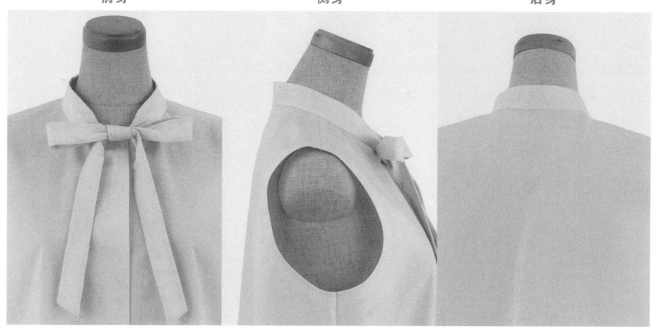

前身　　　　　　　　侧身　　　　　　　　后身

纸样

※缝份为 1 cm

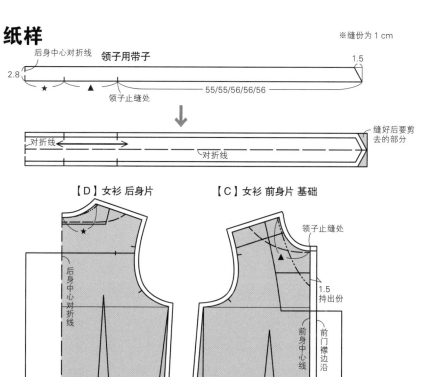

后身中心对折线　　领子用带子　　　　　　　　　　1.5

2.8

★　　　▲　　55/55/56/56/56

领子止缝处

对折线 ←　→　　　　对折线

缝好后要剪
去的部分

对折线

【D】女衫 后身片　　【C】女衫 前身片 基础

领子止缝处

后身中心对折线

前身中心线

前门襟边沿

1.5
持出份

要点　领子用带子的制作方法

· 领子的宽度 2.5~3 cm 最合适
· 领尖可随意设计

领尖为方形

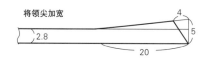

2.8

将领尖加宽

2.8　　　　　　　　　4

　　　　　　　　　　5

20

衣领的变化
百褶领

把领尖剪成圆形，在细长的领子用布上抽细褶。
如果使用斜裁布的话可形成柔和的细褶。

前身	侧身	后身

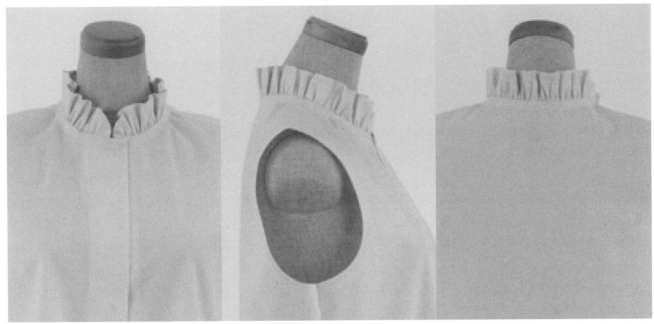

纸样

※缝份为 1 cm

【C】女衫 领子 抽褶领

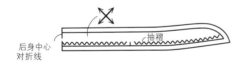

后身中心
对折线

抽褶

【D】女衫 后身片

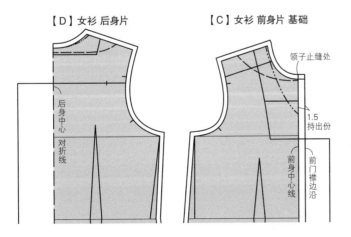

后身中心
对折线

【C】女衫 前身片 基础

领子止缝处

1.5
持出份

前身中心线

前门襟边沿

要点 关于领子的布纹

斜裁布

形成柔软褶边

竖布纹或横布纹

褶尖带角给人硬朗的感觉

要点 布边的处理

两层的做法
沿着颈部使领子竖起来，不过，薄布料的话，容易向外侧倒

单层的做法（1）
领子易倒向外侧

单层的做法（2）
主要用于薄布料和不容易绽线的布料

0.5

缝好后，剪去多余部分

0.5

折两折

裁剪、卷起锁边、锁边缝纫等

关于贴边和布边的处理

处理布边有各种各样的方法,可用贴边布、斜裁布条、领子或袖口用布等部件将布边缝进去。在此介绍几个无领无袖款的布边处理和前后有开衩时的贴边处理的方法,由于设计和缝纫方法的不同会有所变化,请以图中的尺寸为参考,根据实际情况进行调整。

无领无袖款的设计

●用贴边处理

使用贴边处理的话有一定的加固作用,衣服不容易走形。
为了能够做得很漂亮,从正面看的时候看不见接缝,可以控制贴边使其比身片稍微靠里一点。

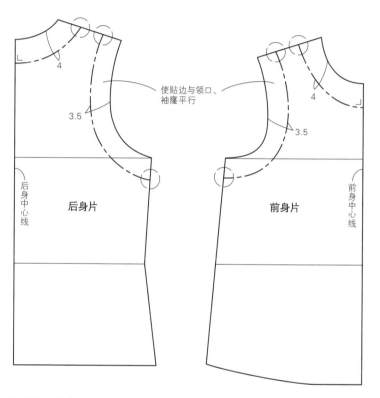

使贴边与领口、袖隆平行

后身片

后身中心线

前身片

前身中心线

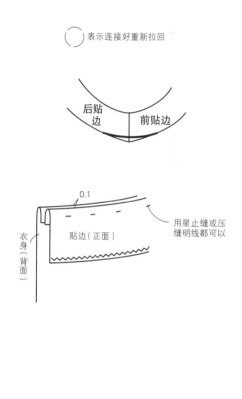

○表示连接好重新拉回

后贴边　前贴边

0.1

贴边(正面)

衣身(背面)

用星止缝或压缝明线都可以

●用斜裁布条处理

正面看不见

这是一种将斜裁布条缝到布边上,翻至背面进行止缝的方法。
担心能看见贴边的情况下使用这种方法。
※身片侧需要缝份

正面可以看见

这是一种用斜裁布条包裹布边进行处理的方法。
可以将正面看到的斜裁布条作为设计亮点。
※身片侧不需要缝份,不留缝份裁剪

如果要很好地完成领口等有弧度处的线……

必须先用熨斗在弧线处熨出折痕。

(背面)

(正面)

(正面)

下摆开衩

使用制作前开衩(后开衩)时的贴边,左侧一直连续到肩部的样式。
右侧分为与前身中心线平行的贴边和领口贴边。
按照做法分别使用。
离前身中心线1.2～2 cm的持出份要和固定扣子的前门襟边沿重合。
※后身片也采取同样的方法

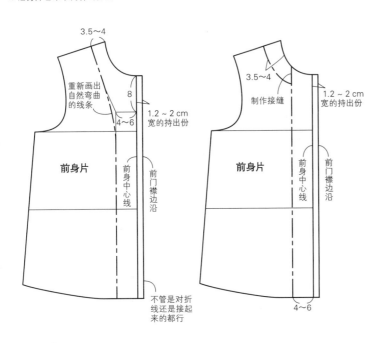

●贴边的宽度

贴边的宽度太窄的话,开扣眼时,扣眼的一头容易超出贴边。所以,请考虑扣子和扣眼的大小再决定贴边的宽度。

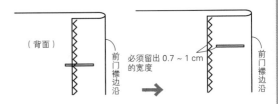

●贴边和黏合衬

贴边用于身片和袖子的布边处,一般要求从正面看不见,主要是为了加固布边。贴边几乎不会单独使用,一般都是贴上黏合衬使用,这样不仅具有布边处理的作用,还具有定型的作用,这是一个需要开很多扣眼和剪很多牙口的部件。粘贴黏合衬也许有点麻烦,不过也要耐心粘贴哟。

开衩

这是一种在身片和袖口的开衩处剪牙口缝贴边的方法。先决定开衩位置和深度,再在那一部分添加贴边。
如果是套头衫的话,要确认头能够进入的尺寸。

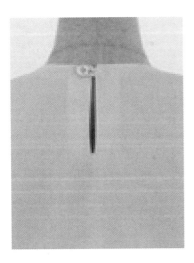

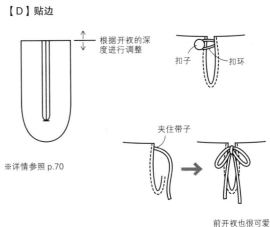

【D】贴边

※详情参照 p.70

前开衩也很可爱

88

制作方法

制作方法页中的裁剪方法图，最大的码是15码。

因为其他尺寸和布幅的不同，有时需要调整。

请将纸样放在布料上确认之后再裁剪。

●

需要对准花纹或需要朝一个方向裁剪的布料，

要比图示中的布料尺寸多准备一些。

●

实物等大纸样上只标示了标准线。

前门襟边沿和贴边请根据需要足量添加。

●

裁剪方法图中只用直线、数字尺寸标注的部件没有纸样。

请在布料上直接画线裁剪。

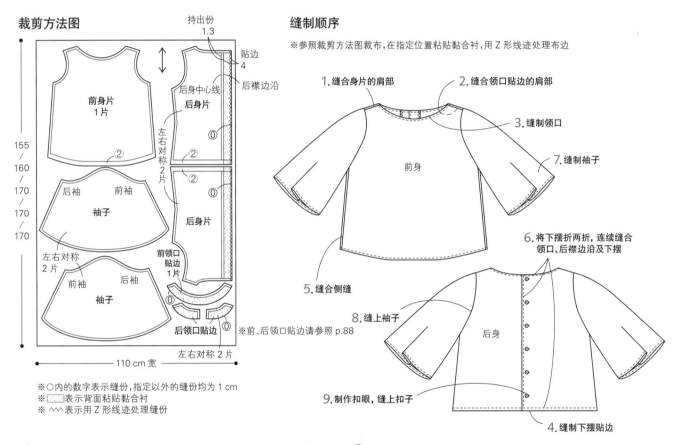

喇叭袖船形领口上衣 …作品p.16

实物等大纸样
前身片…【C】女衫 前身片 基础（船形领口）
后身片…【D】女衫 后身片（船形领口）
袖子…【D】女衫 七分袖

材料
聚酯纤维100% 软欧根纱…110 cm宽 ×
155 / 160 / 170 / 170 / 170 cm
黏合衬…40 cm×70 cm
扣子…直径1 cm×6颗

成品尺寸
衣长…51 / 53.5 / 56.5 / 56.5 / 56.5 cm
胸围…92 / 96 / 100 / 105 / 110 cm
袖长…38 / 40.5 / 43 / 43 / 43 cm

※ 从左侧或上侧开始分别为7/9/11/13/15码的尺寸

裁剪方法图

持出份 1.3
贴边 4
后襟边沿

前身片 1片
后身中心线
后身片
左右对称2片
袖子 后袖 前袖
左右对称 2片
后身片
袖子 前袖 后袖
前领口贴边 1片
后领口贴边
左右对称 2片
※前、后领口贴边请参照 p.88

155 / 160 / 170 / 170 / 170
110 cm宽

※○内的数字表示缝份,指定以外的缝份均为 1 cm
※ 表示背面粘贴黏合衬
※ ∧∧∧ 表示用 Z 形线迹处理缝份

缝制顺序

※参照裁剪方法图裁布,在指定位置粘贴黏合衬,用 Z 形线迹处理布边

1. 缝合身片的肩部
2. 缝合领口贴边的肩部
3. 缝制领口
7. 缝制袖子
前身
5. 缝合侧缝

6. 将下摆折两折, 连续缝合领口、后襟边沿及下摆
8. 缝上袖子
后身
9. 制作扣眼, 缝上扣子
4. 缝制下摆贴边

1.缝合身片的肩部

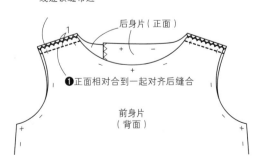

❷将两层合在一起用 Z 形线迹锁缝布边

后身片（正面）
1
前身片（正面）
❶正面相对合到一起对齐后缝合
前身片（背面）

2.缝合领口贴边的肩部

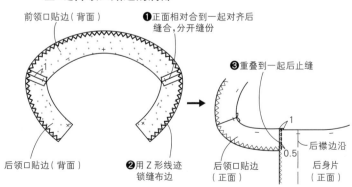

前领口贴边（背面）
❶正面相对合到一起对齐后缝合,分开缝份
后领口贴边（背面）
❷用 Z 形线迹锁缝布边
后领口贴边（正面）

❸重叠到一起后止缝
1
0.5
后襟边沿
后身片（正面）

90

3.缝制领口

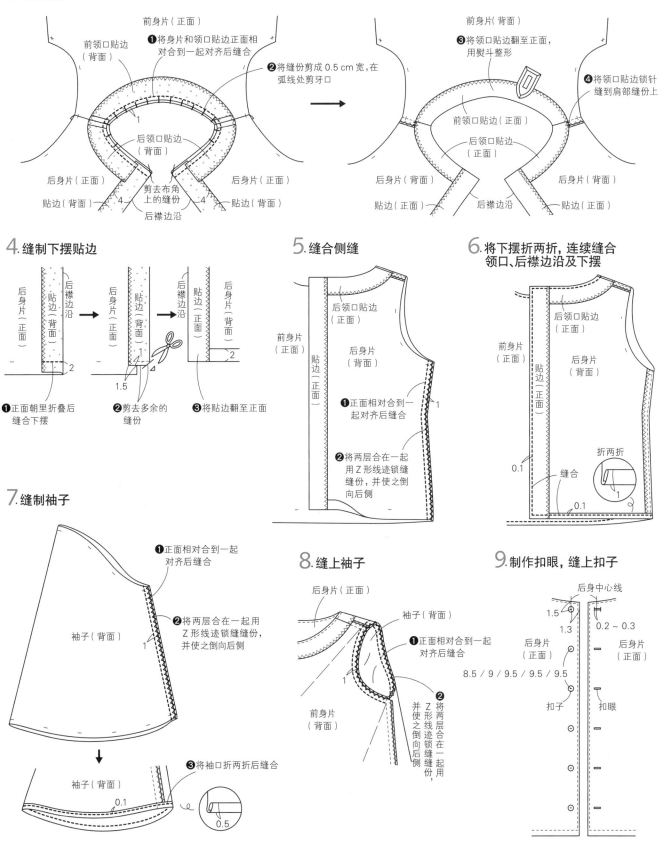

前领口贴边（背面）

前身片（正面）

❶将身片和领口贴边正面相对合到一起对齐后缝合

❷将缝份剪成0.5 cm宽，在弧线处剪牙口

后领口贴边（背面）

后身片（正面）

贴边（背面）

剪去布角上的缝份

后襟边沿

前身片（背面）

❸将领口贴边翻至正面，用熨斗整形

❹将领口贴边锁针缝到肩部缝份上

前领口贴边（正面）

后领口贴边（正面）

后身片（背面）

贴边（正面）

后襟边沿

4.缝制下摆贴边

后身片（正面）

贴边（背面）

后襟边沿

2

后身片（正面）

贴边（背面）

后襟边沿

1.5

1

后襟边沿

贴边（正面）

后身片（背面）

2

❶正面朝里折叠后缝合下摆

❷剪去多余的缝份

❸将贴边翻至正面

5.缝合侧缝

后领口贴边（正面）

前身片（正面）

后身片（背面）

贴边（正面）

1

❶正面相对合到一起对齐后缝合

❷将两层合在一起用Z形线迹锁缝缝份，并使之倒向后侧

6.将下摆折两折，连续缝合领口、后襟边沿及下摆

后领口贴边（正面）

前身片（正面）

后身片（背面）

贴边（正面）

0.1

缝合

折两折

1

0.1

7.缝制袖子

袖子（背面）

1

❶正面相对合到一起对齐后缝合

❷将两层合在一起用Z形线迹锁缝缝份，并使之倒向后侧

袖子（背面）

0.1

❸将袖口折两折后缝合

0.5

8.缝上袖子

后身片（正面）

袖子（背面）

前身片（背面）

1

❶正面相对合到一起对齐后缝合

❷将两层合在一起用Z形线迹锁缝缝份，并使之倒向后侧

9.制作扣眼，缝上扣子

后身中心线

1.5

1.3

0.2～0.3

后身片（正面）

后身片（正面）

8.5 / 9 / 9.5 / 9.5 / 9.5

扣子

扣眼

灯笼袖圆领口衬衣…作品 p.17

实物等大纸样
前身片…【C】女衫 前身片 基础
后身片…【D】女衫 后身片
袖子…【C】女衫 长袖 灯笼袖
后领开口贴边…【D】贴边

材料
80支上等细布 软制作(软式加工)…106 cm 宽
×250 / 260 / 270 / 270 / 270 cm
黏合衬…20 cm×50 cm
扣子…直径1.2 cm×1颗

成品尺寸
衣长…52 / 54.5 / 57.5 / 57.5 / 57.5 cm
胸围…92 / 96 / 100 / 105 / 110 cm
袖长…57.9 / 60.9 / 63.9 / 63.9 / 63.9 cm

※ 从左侧或上侧开始分别为7/9/11/13/15码的尺寸

裁剪方法图

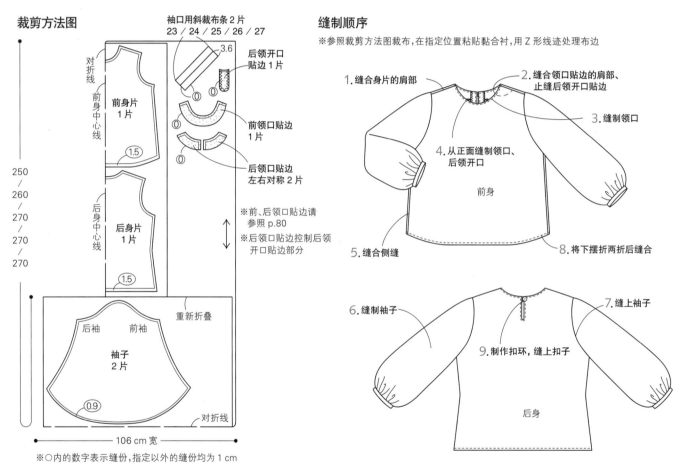

※○内的数字表示缝份,指定以外的缝份均为 1 cm
※▨▨ 表示背面粘贴黏合衬
※ ∧∧∧ 表示用 Z 形线迹处理缝份

缝制顺序

※参照裁剪方法图裁布,在指定位置粘贴黏合衬,用 Z 形线迹处理布边

1. 缝合身片的肩部

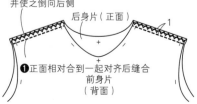

2. 缝合领口贴边的肩部、止缝后领开口贴边

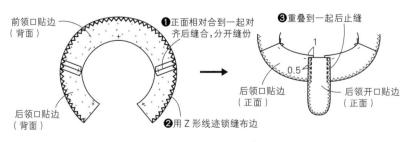

3.缝制领口

❶将身片和领口贴边、后领开口贴边正面相对合到一起对齐后缝合领口及后领开口

后领口贴边（背面）

后身片（正面）

后领开口贴边（背面）

0.3
1

❷将缝份剪成 0.5 cm 宽，在弧线处剪牙口

❸在后领开口处剪牙口

4.从正面缝制领口、后领开口

前身片（背面）

前领口贴边（正面）

0.1

剪去布角

❺领口贴边锁缝到肩部缝份上

后身片（背面）

后领开口贴边（正面）

后领口贴边（正面）

❹用熨斗整形，从正面缝合

将贴边翻至正面

5.缝合侧缝

后身片（正面）

前领口贴边（正面）

前身片（背面）

1

❶正面相对合到一起对齐后缝合

❷将两层合在一起用Z形线迹锁缝缝份，并使之倒向后侧

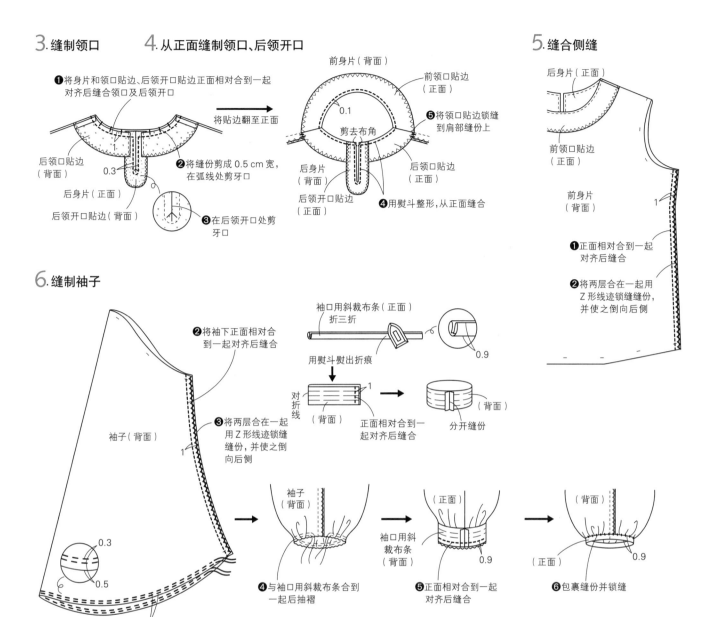

6.缝制袖子

袖子（背面）

0.3
0.5

❷将袖下正面相对合到一起对齐后缝合

❸将两层合在一起用Z形线迹锁缝缝份，并使之倒向后侧

❶为了给袖口抽褶，用大针脚机缝2行

袖口用斜裁布条（正面）

折三折

0.9

用熨斗熨出折痕

对折线

（背面）

1

正面相对合到一起对齐后缝合

分开缝份

（背面）

袖子（背面）

❹与袖口用斜裁布条合到一起后抽褶

袖口用斜裁布条（背面）

（正面）

❺正面相对合到一起对齐后缝合

0.9

（背面）

❻包裹缝份并锁缝

（正面）

0.9

7.缝上袖子

后身片（正面）

袖子（背面）

❶正面相对合到一起对齐后缝合

1

❷将两层合在一起用Z形线迹锁缝缝份，并使之倒向后侧

前身片（背面）

8.将下摆折两折后缝合

前身片（背面）

后身片（背面）

将下摆折两折后缝合

0.1

0.7
0.8

9.制作扣环，缝上扣子

扣子

0.9
0.9

1.5
0.5

后身片（正面）

线圈扣环

先拉 3 cm 的线芯，再用一根线缠绕

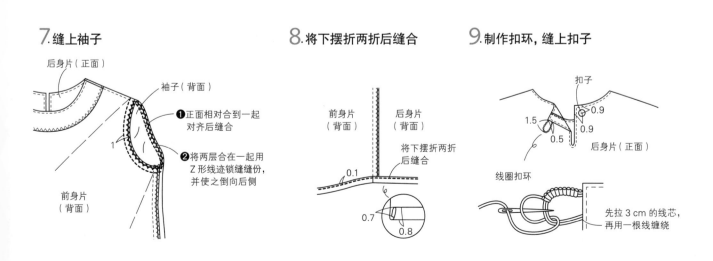

深色平翻圆领的格子衬衫···作品p.18

实物等大纸样

前身片···【C】女衫 前身片 基础

后身片···【D】女衫 后身片

袖子···【D】女衫 长袖 袖山打褶

领子···【C】女衫 平翻圆领

材料

异色套格花纹布 TAF-03 BK(清原株式会社)···

110 cm宽×190/200/205/210/215 cm

其他布料：法兰绒(羊毛)···50 cm×25 cm

黏合衬···40 cm×70 cm

扣子···直径1.8 cm×5颗

成品尺寸

衣长···52/54.5/57.5/57.5/57.5 cm

胸围···92/96/100/105/110 cm

袖长···52/55/58/58/58 cm

※ 从左侧或上侧开始分别为7/9/11/13/15码的尺寸

裁剪方法图

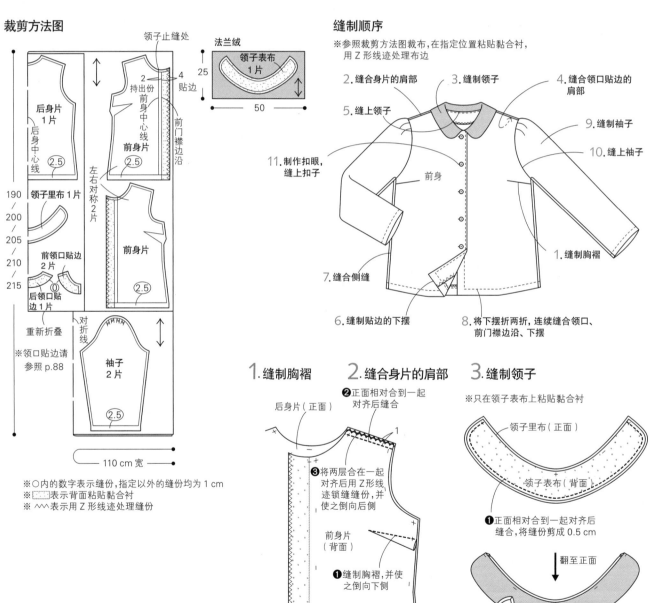

领子止缝处

法兰绒
领子表布
1片
25
50

后身片
1片
后身中心线
(2.5)

领子里布 1片

前领口贴边
2片

后领口贴边 1片

重新折叠

※领口贴边请参照 p.88

2
持出份
前身中心线
4
贴边

前门襟边沿

前身片
(2.5)

左右对称 2片

前身片
(2.5)

对折线

重新折叠

袖子
2片
(2.5)

190
/
200
/
205
/
210
/
215

110 cm宽

※○内的数字表示缝份，指定以外的缝份均为 1 cm

※ ▨ 表示背面粘贴黏合衬

※ ∧∧∧ 表示用 Z 形线迹处理缝份

缝制顺序

※参照裁剪方法图裁布，在指定位置粘贴黏合衬，用 Z 形线迹处理布边

2. 缝合身片的肩部

3. 缝制领子

4. 缝合领口贴边的肩部

5. 缝上领子

9. 缝制袖子

10. 缝上袖子

11. 制作扣眼，缝上扣子

前身

1. 缝制胸褶

7. 缝合侧缝

6. 缝制贴边的下摆

8. 将下摆折两折，连续缝合领口、前门襟边沿、下摆

1. 缝制胸褶

后身片(正面)

前身片(背面)

❶ 缝制胸褶，并使之倒向下侧

2. 缝合身片的肩部

❷ 正面相对合到一起对齐后缝合

1

❸ 将两层合在一起对齐后用 Z 形线迹锁缝缝份，并使之倒向后侧

3. 缝制领子

※只在领子表布上粘贴黏合衬

领子里布(正面)

领子表布(背面)

❶ 正面相对合到一起对齐后缝合，将缝份剪成 0.5 cm

翻至正面

领子表布(正面)

❷ 用熨斗整形

4.缝合领口贴边的肩部

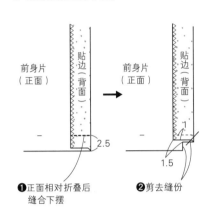

❶正面相对合到一起对齐后缝合，并分开缝份

❷用 Z 形线迹锁缝缝份

❸重叠到一起后止缝

后领口贴边（背面）

前领口贴边（背面）

前领口贴边（正面）

领子止缝处

前身片（正面）

前门襟边沿

0.5

1

5.缝上领子

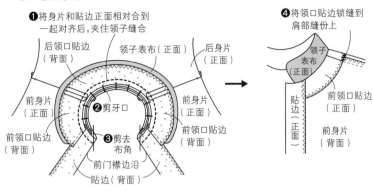

❶将身片和贴边正面相对合到一起对齐后，夹住领子缝合

后领口贴边（背面）

领子表布（正面）

后身片（正面）

前身片（正面）

❷剪牙口

❸剪去布角

前领口贴边（正面）

前领口贴边（背面）

前门襟边沿

贴边（背面）

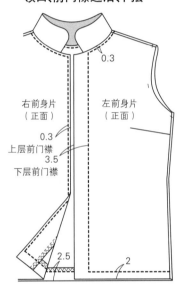

❹将领口贴边锁缝到肩部缝份上

领子表布（正面）

前领口贴边（正面）

前身片（背面）

贴边（正面）

6.缝制贴边的下摆

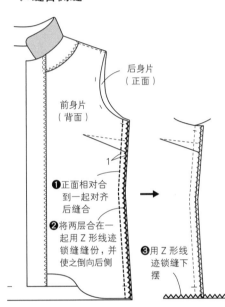

前身片（正面）

贴边（背面）

前身片（正面）

贴边（背面）

2.5

1.5

1

❶正面相对折叠后缝合下摆

❷剪去缝份

❸贴边翻至正面

7.缝合侧缝

后身片（正面）

前身片（背面）

1

❶正面相对合到一起对齐后缝合

❷将两层合在一起用 Z 形线迹锁缝缝份，并使之倒向后侧

❸用 Z 形线迹锁缝下摆

8.将下摆折两折，连续缝合领口、前门襟边沿、下摆

0.3

右前身片（正面）

左前身片（正面）

0.3

上层前门襟

3.5

下层前门襟

2.5

2

9.缝制袖子

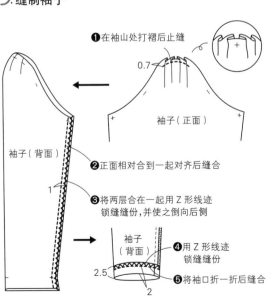

❶在袖山处打褶后止缝

0.7

袖子（正面）

袖子（背面）

❷正面相对合到一起对齐后缝合

❸将两层合在一起用 Z 形线迹锁缝缝份，并使之倒向后侧

1

袖子（背面）

❹用 Z 形线迹锁缝缝份

❺将袖口折一折后缝合

2.5

2

10.缝上袖子

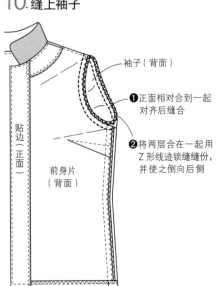

袖子（背面）

❶正面相对合到一起对齐后缝合

❷将两层合在一起用 Z 形线迹锁缝缝份，并使之倒向后侧

贴边（正面）

前身片（背面）

11.制作扣眼，缝上扣子

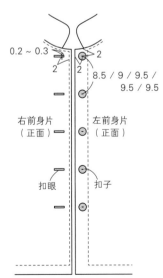

0.2～0.3

2

2

2

8.5 / 9 / 9.5 / 9.5 / 9.5

右前身片（正面）

左前身片（正面）

扣眼

扣子

95

蝴蝶结领的绸缎衬衫…作品 p.19

实物等大纸样
前身片…【C】女衫 前身片 过肩 + 碎褶
后身片…【D】女衫 后身片
过肩…从【C】女衫 前身片 基础、【D】女衫 后身片裁下
袖子…【D】女衫 长袖 袖山、袖口抽褶

材料
印花绸缎…110 cm宽×230 / 235 / 240 / 240 /
240 cm
黏合衬…25 cm×60 cm
包扣…直径1.2 cm×15颗

成品尺寸
衣长…52 / 54.5 / 57.5 / 57.5 / 57.5 cm
胸围…122 / 126 / 130 / 135 / 140 cm
袖长…55.5 / 58.5 / 61.5 / 61.5 / 61.5 cm

※ 从左侧或上侧开始分别为7/9/11/13/15码的尺寸

裁剪方法图

对折线　请参照下图

前门襟边沿
前身片 2 片
前身中心线
1.3 持出份
4 cm 的贴边

袖子 2 片

领子用带子 1 片

领口尺寸 +
112 / 112 / 114 / 114

领子止缝处

后身片 1 片

7.6
22 / 23 / 24 / 25 / 26

袖口用布 2 片

只粘贴表布

过肩 2 片

5　2.5
1.8

扣环用布 10 片

包扣用布 15 片

袖口贴边 2 片

110 cm 宽

※○内的数字表示缝份，指定以外的缝份均为1 cm
※▨▨表示背面粘贴黏合衬
※∧∧表示用Z形线迹处理缝份

领子用带子

7.6
56/56/57/57/57
领口尺寸
（前领口 + 后领口）
后身中心对折线

缝制顺序

※参照裁剪方法图裁布，在指定位置粘贴黏合衬，
用Z形线迹处理布边

1. 在身片上抽褶
2. 缝合过肩和身片
6. 将袖子缝到身片上
8. 制作领子用带子，并缝上去

前身

3. 缝合侧缝
4. 缝制袖子
7. 将下摆折一折后缝合
5. 将袖口用布缝到袖子上
9. 制作扣眼，缝上扣子

1、2
后身

10. 将包扣缝到袖口用布上

1. 在身片上抽褶

用大针脚机缝2行后抽褶
前身片（正面）

用大针脚机缝2行后抽褶
后身片（正面）

96

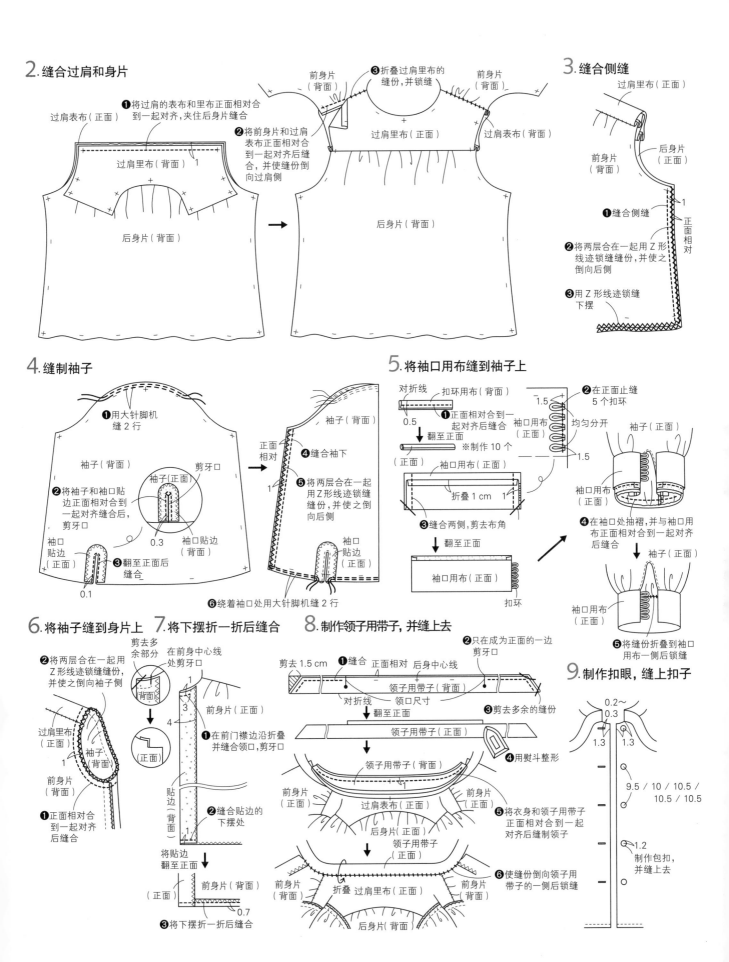

2.缝合过肩和身片

❶将过肩的表布和里布正面相对合到一起对齐,夹住后身片缝合

过肩表布(正面)
过肩里布(背面) 1
后身片(背面)

❷将前身片和过肩表布正面相对合到一起对齐后缝合,并使缝份倒向过肩侧

前身片(背面)
❸折叠过肩里布的缝份,并锁缝
前身片(背面)
过肩里布(正面)
过肩表布(背面)
后身片(背面)

3.缝合侧缝

过肩里布(正面)
后身片(正面)
前身片(背面)
❶缝合侧缝
1
正面相对
❷将两层合在一起用Z形线迹锁缝缝份,并使之倒向后侧
❸用Z形线迹锁缝下摆

4.缝制袖子

❶用大针脚机缝2行
袖子(背面)
❷将袖子和袖口贴边正面相对合到一起对齐缝合后,剪牙口
袖口贴边(正面)
袖子(正面)
剪牙口
0.3
袖口贴边(背面)
❸翻至正面后缝合
0.1

正面相对
袖子(背面)
1
❹缝合袖下
❺将两层合在一起用Z形线迹锁缝缝份,并使之倒向后侧
袖口贴边(正面)
❻绕着袖口处用大针脚机缝2行

5.将袖口用布缝到袖子上

对折线
扣环用布(背面)
0.5
❶正面相对合到一起对齐后缝合
翻至正面
(正面)
袖口用布(正面)
折叠1cm 1
❸缝合两侧,剪去布角
翻至正面
袖口用布(正面)
扣环

1.5
❷在正面止缝5个扣环
均匀分开
1.5
※制作10个
袖子(正面)
❹在袖口处抽褶,并与袖口用布正面相对合到一起对齐后缝合
袖口用布(正面)
❺将缝份折叠到袖口用布一侧后锁缝

6.将袖子缝到身片上

❷将两层合在一起用Z形线迹锁缝缝份,并使之倒向袖子侧
过肩里布(正面)
袖子(背面)
1
前身片(背面)
❶正面相对合到一起对齐后缝合

7.将下摆折一折后缝合

剪去多余部分
(背面)
(正面)
在前身中心线处剪牙口
1
3
前身片(正面)
4
❶在前门襟边沿折叠并缝合领口,剪牙口
贴边(背面)
❷缝合贴边的下摆处
1
将贴边翻至正面
前身片(背面)
(正面)
0.7
❸将下摆折一折后缝合

8.制作领子用带子,并缝上去

剪去1.5cm ❶缝合
正面相对
后身中心线
对折线 领口尺寸
翻至正面
领子用带子(背面)
❷只在成为正面的一边剪牙口
❸剪去多余的缝份
领子用带子(正面)
❹用熨斗整形
过肩表布(正面)
前身片(正面)
前身片(正面)
后身片(背面)
领子用带子(正面)
❺将衣身和领子用带子正面相对合到一起对齐后缝制领子
前身片(背面)
前身片(背面)
折叠 过肩里布(正面)
后身片(背面)
❻使缝份倒向领子用带子的一侧后锁缝

9.制作扣眼,缝上扣子

0.2~0.3
1.3 1.3
9.5 / 10 / 10.5 / 10.5 / 10.5
1.2
制作包扣,并缝上去

暗门襟的基础款衬衫…作品p.20

实物等大纸样

前身片…【A】男衫 前身片

后身片…【A】男衫 后身片

过肩…从【A】男衫 前身片和【A】男衫 后身片裁下

袖子…【A】男衫 袖子

袖口用布…【A】 男衫(含休闲款衬衫) 袖口用布(直角)

袖衩条、持出份…【A】持出份、袖衩条

翻领…【A】带领座的衬衣领 翻领

领座…【A】带领座的衬衣领 领座

材料

意大利产的纯棉条纹布…110 cm宽×195 / 200 / 210 / 210 / 210 cm

黏合衬…35 cm×70 cm

包扣…直径1.1 cm×7颗

成品尺寸

衣长…62.5 / 65 / 68 / 68 / 68 cm

胸围…100 / 104 / 108 / 113 / 118 cm

袖长…54 / 57 / 60 / 60 / 60 cm

※ 从左侧或上侧开始分别为7/9/11/13/15码的尺寸

裁剪方法图

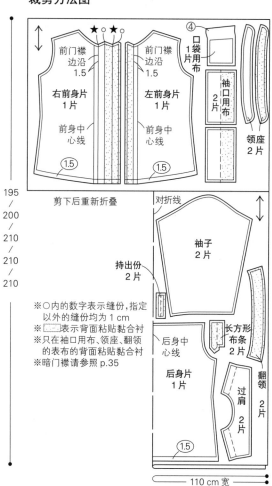

195 / 200 / 210 / 210 / 210

※○内的数字表示缝份,指定以外的缝份均为1 cm

※ ▨▨▨ 表示背面粘贴黏合衬

※只在袖口用布、领座、翻领的表布的背面粘贴黏合衬

※暗门襟请参照 p.35

110 cm宽

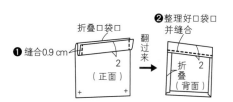

❶缝合0.9 cm

折叠口袋口

2 （正面）

翻过来

❷整理好口袋口并缝合

折叠 2 （背面）

缝制顺序

※参照裁剪方法图裁布,在指定位置粘贴黏合衬

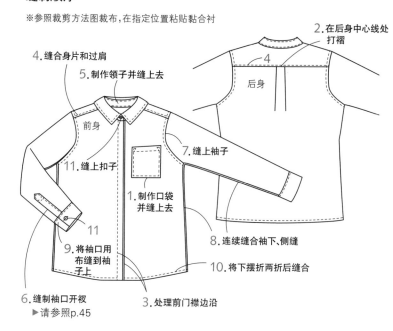

4.缝合身片和过肩

5.制作领子并缝上去

7.缝上袖子

11.缝上扣子

1.制作口袋并缝上去

9.将袖口用布缝到袖子上

6.缝制袖口开衩 ▶请参照p.45

3.处理前门襟边沿

8.连续缝合袖下、侧缝

10.将下摆折两折后缝合

2.在后身中心线处打褶

后身

4

1.制作口袋并缝上去

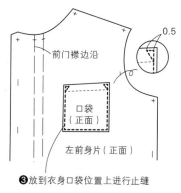

前门襟边沿

0.5

口袋 （正面）

左前身片（正面）

❸放到衣身口袋位置上进行止缝

2.在后身中心线处打褶

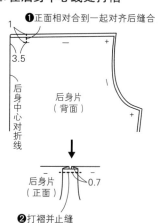

❶正面相对合到一起对齐后缝合

1

3.5

后身中心对折线

后身片 （背面）

后身片 （正面）

0.7

❷打褶并止缝

98

3. 处理前门襟边沿

前身中心线
▲ = 9 / 9.5 / 10 / 10 / 10

前身中心线
前身中心线
前门襟边沿
前门襟边沿
右前身片（背面）
0.2
0.3
4.5
▲
3
3

★ ★
★
右前身片（背面）
3

❶制作扣眼
※只有最下面的一个扣眼是横的

❷折叠暗门襟部分,将缝份置入内侧,用熨斗摁压

（背面）
前门襟边沿
（背面）
前门襟边沿
1.5
（背面）
前门襟边沿
3（正面）
1.5

❸将右前身片从前门襟边沿侧折叠,正面相对合到一起对齐后,缝合暗门襟的下摆

左前身片（背面）
右前身片（背面）
3
0.1
0.1
3（正面）

❹缝合左前身片的下摆,翻至正面

❺透过背面缝到正面

4. 缝合身片和过肩

右前身片（背面）
❷将过肩的表布和前身片正面相对合到一起对齐后缝合,使缝份倒向过肩侧
❷
1
过肩表布（背面）
1
过肩里布（背面）
左前身片（正面）
后身片（背面）

右前身片（背面）
❶将过肩的表布和里布正面相对合到一起夹住后身片对齐后缝合,使缝份倒向过肩侧
❺机缝止缝
0.3
过肩表布（正面）
过肩里布（正面）
0.3
0.3
后身片（背面）
❹折叠过肩里布的缝份从正面缝合
后身片（背面）
❸从正面缝合
左前身片（正面）

5. 制作领子并缝上去

❶正面相对合到一起对齐后缝合
翻领里布（正面）
翻领表布（背面）

❷剪去布角

❸用熨斗整形后缝合
翻至正面
错开 0.3 cm
0.5 0.2 翻领表布（正面）❹机缝止缝

领座里布（背面） 前身中心
1
折叠0.8cm
领座表布（正面）
翻领里布（正面）
领座表布（背面）

❺将领座用布正面相对合到一起夹住翻领对齐后缝合
翻至正面
领座里布（正面）
翻领表布（正面）

❻将衣身和领座表布正面相对合到一起对齐后缝制领口
领座表布（背面）
1
翻领表布（正面） 领座里布（正面）
左前身片（正面） 过肩表布（正面） 右前身片（正面）

❼使缝份倒向领座侧,缝合周围部分
翻领里布（正面）
领座表布（正面）
制作扣眼
▶请参照p.50
左前身片（正面） 过肩表布（正面） 右前身片（正面）

6. 缝制袖口开衩
▶请参照p.45

7. 缝上袖子
过肩里布（正面）
后身片（背面） 前身片（背面）
袖子（背面）
衣身（正面）
1
❶正面相对合到一起对齐后缝合
0.3
❷将两层合在一起用Z形线迹锁缝缝份,并使之倒向衣身侧
❸翻至正面后缝合

8. 连续缝合袖下、侧缝
9. 将袖口用布缝到袖子上
过肩里布（正面）
前身片（背面）
袖子（背面）
1
❶正面相对合到一起对齐后缝合
❷将两层合在一起用Z形线迹锁缝缝份,并使之倒向后侧
※请参照 p.97 缝上袖口用布（不用扣环）,制作扣眼

10. 将下摆折两折后缝合
（背面）
0.8 0.1
0.7
折两折后缝合

11. 缝上扣子
缝上扣子
4.5
9 / 9.5 / 10 / 10 / 10
左前身片（正面）
袖衩条
持出份
1 1

SHIRT & BLOUSE NO KIHON PATTERN SHU（NV70507）

Copyright ©Yoko Nogi/NIHON VOGUE-SHA 2018 All rights reserved.

Photographer: Noriaki Moriya

Original Japanese edition published in Japan by NIHON VOGUE Corp.
Simplified Chinese translation rights arranged with BEIJING BAOKU
INTERNATIONAL CULTURAL DEVELOPMENT Co., Ltd.

备案号：豫著许可备字-2019-A-0006

野木阳子

桑泽设计研究所服装设计专业毕业。
在纽约的梅森萨福服装设计学院学习法式时
装。现在一边举办成人服装研讨会，一边以
成人服装和童装为中心发表作品。也从事原
创缝纫的设计，提倡享受缝纫的快乐。
著作有《第一次也能缝好拉链、包和衣服之
书》（日本文艺社）、《穿起来很舒服的婴幼儿
服装》）（日本宝库社）等。

图书在版编目（CIP）数据

最详尽的服装版型教科书. 上衣篇/（日）野木阳子著；边冬梅
译.—郑州：河南科学技术出版社，2021.7

ISBN 978-7-5725-0451-8

Ⅰ.①最… Ⅱ.①野… ②边… Ⅲ.①服装设计—教材
Ⅳ.①TS941.2

中国版本图书馆CIP数据核字（2021）第101251号

出版发行：河南科学技术出版社
　　　　　地址：郑州市郑东新区祥盛街27号　　邮编：450016
　　　　　电话：（0371）65737028　　65788613
　　　　　网址：www.hnstp.cn
策划编辑：刘　欣
责任编辑：梁　娟
责任校对：马晓灿
封面设计：张　伟
责任印制：张艳芳
印　　刷：北京盛通印刷股份有限公司
经　　销：全国新华书店
开　　本：889 mm×1 194 mm　1/16　印张：10.25　字数：210千字
版　　次：2021年7月第1版　2021年7月第1次印刷
定　　价：59.00元

如发现印、装质量问题，影响阅读，请与出版社联系并调换。